注塑成型仿真分析技术

主　编　戴护民　黎　花
副主编　傅洁琼　陈青松

北京理工大学出版社
BEIJING INSTITUTE OF TECHNOLOGY PRESS

内容简介

本书内容源于对多年教学实践的总结，以及对职业技能大赛赛题和企业项目的分析提炼，采用任务驱动方式，内容全面，条例清晰。

本书由模流分析入门、基本类型的模流分析分析结果解读与注塑缺陷分析、模流分析高级技术四个项目组成。每个项目包含多个任务，每个任务都具有很强的代表性，既具有企业一线的实用性，又和教学过程、比赛赛点相结合。内容以启发、引导为主，辅以网络视频（可扫描二维码观看），线上课程为补充，使教学过程可以满足不同类型生源的学习需求。

本书可作为高等院校、高职院校机械制造类专业注塑成型模流分析相关课程的教材，也可以作为工程技术人员自学 Moldflow 软件的参考书。

版权专有　侵权必究

图书在版编目(CIP)数据

注塑成型仿真分析技术 / 戴护民，黎花主编. -- 北京：北京理工大学出版社，2024.2
ISBN 978-7-5763-3706-8

Ⅰ. ①注⋯　Ⅱ. ①戴⋯ ②黎⋯　Ⅲ. ①注塑-塑料成型-仿真　Ⅳ. ①TQ320.66

中国国家版本馆 CIP 数据核字(2024)第 062142 号

责任编辑：多海鹏	文案编辑：多海鹏
责任校对：周瑞红	责任印制：李志强

出版发行 / 北京理工大学出版社有限责任公司
社　　址 / 北京市丰台区四合庄路 6 号
邮　　编 / 100070
电　　话 /（010）68914026（教材售后服务热线）
　　　　　　（010）68944437（课件资源服务热线）
网　　址 / http：//www.bitpress.com.cn

版 印 次 / 2024 年 2 月第 1 版第 1 次印刷
印　　刷 / 三河市天利华印刷装订有限公司
开　　本 / 787 mm×1092 mm　1/16
印　　张 / 11.75
字　　数 / 212 千字
定　　价 / 68.00 元

图书出现印装质量问题，请拨打售后服务热线，负责调换

前　　言

随着制造业的不断发展，模具行业已经成为现代工业的重要组成部分。在这个行业中，Moldflow 模流分析技术已经成为模具设计师和产品设计师必备的一项技能。Moldflow 软件是一款专门用于塑料模具和产品分析的工具，它可以帮助用户预测产品在生产过程中的问题，优化模具和工艺设计，提高生产效率和产品质量。

目前，市场上的模具制造企业越来越多，竞争也越来越激烈。在这样的背景下，提高模具制造的效率与品质成为企业生存和发展的关键。Moldflow 模流分析技术不仅可以提高模具制造的效率和品质，还可以帮助企业降低成本、提高市场竞争力。

模具 CAE 技术是高职模具设计与制造专业重要的一门 CAE 课程，由于比较多的学校近年来以注塑模具 CAE 教学为主，所采用的教学软件为 Moldflow 模流分析软件，而市面上高校教师针对此类教学编写的教材比较少，我校一直采用企业版本教材配合校内教材上课，价格较贵，内容也不太合适，故开发一本适合高职生使用的 Moldflow 教材及进行针对性的课程开发迫在眉睫，其也更加符合教学要求。本校已持续 12 年开设该课程，作者多年来从事企业研发和高职教学工作，经验丰富，希望最终编写出一本校、企均适用的教材。

本书旨在向读者介绍 Moldflow 模流分析技术的基础知识和应用技巧，帮助读者掌握 Moldflow 软件的基本操作和分析方法。本书不仅适用于模具设计师和产品设计师，也适用于从事注塑成型、挤出成型等领域的工程师和技术人员。

为贯彻落实党的二十大精神，助推中国制造高质量发展及深入实施人才强国战略，该教材注重增强内容特色和实用创新。

内容特色：

1. 依据模流技术发展与企业需求梳理教材内容。

2. 遵循系统原则和认知规律确定章节顺序。

3. 依照原厂培训与技能大赛精选典型项目和案例。

4. 以自主学习和终身学习需要打造新形态一体化教材，拟建立在线开发课程网站，提供大量实操录像。

创新点：

1. 基于工作过程编写，由任务驱动，并基于认知规律循序渐进，随着学习深入，提示由详细到简单，由了解基本知识、基本操作到模仿练习，最终到独立完成工作。

2. 教学资源全面、丰富，方便教师教学和学生自主学习，并配备教学二维码、课程网站、教学PPT、教学活动设计等。

3. 结合原厂案例、大赛试题、企业真实案例，对于学习者做到举一反三有非常强的指导意义。

4. 每章设置拓展训练，配备习题及习题的讲解视频，在内容充实的前提下，大大缩减了教材篇幅。

本书由广东机电职业技术学院戴护民、黎花博士任主编，深德技工学校傅洁琼副教授、深圳市金三维模具有限公司陈青松高级工程师任副主编，其中戴护民编写项目二，黎花编写项目一，傅洁琼编写项目四，陈青松编写项目三。

本书在编写过程中得到了许多同行与专家的大力支持和帮助，在此表示衷心的感谢。同时，我们也希望读者能够认真阅读本书，提出宝贵的意见和建议，让我们共同学习和进步。相关学校师生及社会人员，可通过邮箱联系：104666515@qq.com，加入在线课程学习。

最后，本书的出版得到了北京理工大学出版社的大力支持和帮助，在此表示诚挚的感谢。同时，我们也希望本书能够为广大读者带来更多的帮助和启示，为模具行业的发展贡献一份力量。

编 者

二维码资源

E1-1 新建、保存和关闭工程		E1-8 划分网格	
E1-2 帮助、图层		E1-9 划分网格	
E1-3 分析流程		E1-10 网格诊断与修复任务拓展	
E1-4 分析流程		E2-1 几何建模	
E1-5 划分网格		E2-2 几何建模	
E1-6 划分网格		E2-3 任务拓展	
E1-7 划分网格		E2-4 浇注系统创建与充填分析	

续表

E2-5 浇注系统创建与充填分析		E2-10 绝对螺杆速度曲线	
E2-6 浇注系统创建与充填分析		E2-11 冷却系统创建与翘曲分析	
E2-7 相对螺杆速度曲线		E2-12 冷却系统创建与翘曲分析	
E2-8 注射工艺参数优化与保压分析		E3-1 分析报告	
E2-9 注射工艺参数优化与保压分析		E3-2 分析报告	

目　　录

项目一　模流分析入门 ··· 1

　任务 1.1　初识 Moldflow ··· 1
　任务 1.2　分析流程 ··· 13
　任务 1.3　划分网格 ··· 31
　任务 1.4　诊断与修复网格 ·· 43

项目二　基本类型的模流分析 ··· 55

　任务 2.1　几何建模 ··· 55
　任务 2.2　浇注系统创建与充填分析 ·· 64
　任务 2.3　注射工艺参数优化与保压分析 ·· 78
　任务 2.4　冷却系统创建与翘曲分析 ·· 86

项目三　分析结果解读与注塑缺陷分析 ·· 100

　任务 3.1　报告生成与结果解读 ·· 100
　任务 3.2　注塑缺陷解读 ··· 133

项目四　模流分析高级技术 ·· 152

　任务 4.1　金属嵌件成型与重叠成型分析 ·· 152
　任务 4.2　完整优化分析案例 ··· 169

参考文献 ·· 177

项目一　模流分析入门

项目描述

本项目主要学习 Moldflow 2019 软件的作用、主要分析模块，以及 Moldflow 2019 软件的新功能、操作界面和分析流程，并详细学习 Moldflow 2019 软件菜单的使用、网格类型划分、网格诊断与修复。

任务 1.1　初识 Moldflow

知识点

◎Moldflow 界面的组成。
◎鼠标的操作。
◎图层的设置。
◎"帮助"功能的使用。

技能点

◎熟练掌握 Moldflow 界面操作及鼠标操作。
◎能根据工作需要掌握图层的使用。
◎熟练掌握 Moldflow 的启动、界面的组成及其使用和关闭等功能。

素养点

◎具备积极投身模具行业的信心与技术报国的爱国情怀和使命感。
◎具备树立质量意识、成本意识和精益求精的工匠精神。

任务描述

◎通过完成本任务，使读者掌握 Moldflow 软件的特点、启动及界面的组成和使用，能在界面中进行基本操作，比如鼠标的正确使用、目录的设置、图层的设置、视图的调整，并能熟练进行文件操作等。

项目一　模流分析入门　1

1.1.1 任务实施

1.1.1.1 Moldflow 2019 的启动

(1) 双击桌面上 Autodesk Moldflow Synergy 2019 软件的快捷方式图标 M，启动软件。

(2) 单击"开始"→"所有程序"→"Autodesk"→"Autodesk Moldflow Insight 2019"，启动软件。

1.1.1.2 Moldflow 2019 的退出

(1) 选择标题栏右上角的 X 按钮退出 Moldflow。

(2) 选择菜单 M →"关闭"→"退出 Isight"，退出 Moldflow。

1.1.1.3 设置工作目录

(1) 选择菜单 M →"选项"→"目录"，设置工作目录，如：d:\Mproject。

1.1.1.4 新建、保存和关闭工程

1. 新建工程

在功能区选择"新建工程"选项，弹出"创建新工程"对话框，输入新工程名称，如"1-01"，在工作目录下创建 1-01 目录，所有该工程的文件存储在该目录下。

选择菜单 M →"关闭"→"工程"，关闭刚才创建的工程。

在工程视窗中选择"任务"，双击"新建工程"，弹出"创建新工程"对话框，输入新工程名称，如"1-02"，工程名称不能与已有的重复。

2. 保存工程

选择菜单 M →"保存"，保存修改过的工程。

3. 关闭工程

选择菜单 M →"关闭"→"工程"，关闭刚才创建或者打开的工程。

1.1.1.5 打开已存在的工程

使用以下方式打开已存在的工程：

在功能区中选择"打开工程"选项，进入"1-01"目录，双击"1-01.mpi"文件，打开该工程。

在工程视窗中选择"任务"选项，双击"打开工程"，单击进入"1-02"目录，双击"1-02.mpi"文件，打开该工程。

新建、保存和关闭工程

观看步骤 1.1.1.1~1.1.1.5 的操作视频，请扫描二维码 E1-1。

1.1.1.6 帮助的使用

在工程"1-02"中，单击"帮助"，在下载安装了帮助文件或者连接外网

的情况下，将进入帮助网页。

Moldflow 的"帮助"功能比较全面，包含新功能、入门、教程、视频、结果、名词解释等，学员在具备一定学习基础后，可以利用"帮助"进行学习。

单击"教程"→"简明教程"→"用户界面教程"→"导入模型"，对照"帮助"练习导入"1-02tutorial_model.sdy"文件。保存并关闭工程"1-02"。

1.1.1.7　导入 stl 模型

打开工程"1-01.mpi"，单击"导入"，选择模型"1-01.stl"，按"双层面"，以 mm 为单位导入一个零件模型，保存并关闭该工程。

1.1.1.8　鼠标的操作

打开工程"1-01.mpi"，在该工程下进行以下操作。

（1）选择菜单 → "选项"→"鼠标"，进入鼠标按钮功能的界面。

（2）操作鼠标左键进行选择。鼠标左键可以按照选择方式选择点、线、面、体、单元等要素。

（3）操作鼠标滚轮与右键旋转、缩放模型，并与键盘功能键结合进行平移操作等。

1.1.1.9　图层的使用

通过在"图层面板"中选中不同复选框进行实验，然后在"模型"窗格中观察结果。

在"层"窗格中勾选"三角形"，以将模型恢复到原始状态。

观看步骤 1.1.1.6~1.1.1.9 的操作视频，请扫描二维码 E1-2。

帮助、图层

项目一　模流分析入门　**3**

1.1.2 填写"课程任务报告"

课程任务报告

班级		姓名		学号		成绩	
组别		任务名称		初识 Moldflow		参考课时	2 课时
任务要求		1. 掌握 Moldflow 2019 的文件操作。 2. 掌握 Moldflow 2019 工具栏的有关操作。 3. 能熟练进行视角的设置。 4. 能灵活运用鼠标进行零件的放大、平移和旋转操作。 5. 掌握图层的使用。						
任务完成过程记录		总结的过程按照任务的要求进行,如果位置不够则增加附页(可根据实际情况,适当安排拓展任务供同学分组讨论学习,此时以拓展训练内容的完成过程进行记录)。						

1.1.3 知识学习

1.1.3.1 Moldflow 2019 界面的组成

Moldflow 2019 的操作界面包括模型窗格、功能区、工程视图窗格、方案任务窗格、层窗格、日志窗格和注释窗格 7 个组成部分，如图 1-1 所示。工程视图窗格显示当前工程中包含的几项分析文件；方案任务窗格显示当前案例的定义状态，包括模型的导入形式、分析类型、材料、浇口数、冷却系统、工艺设置、优化以及分析结果等；日志窗格显示工程在求解计算中的信息。

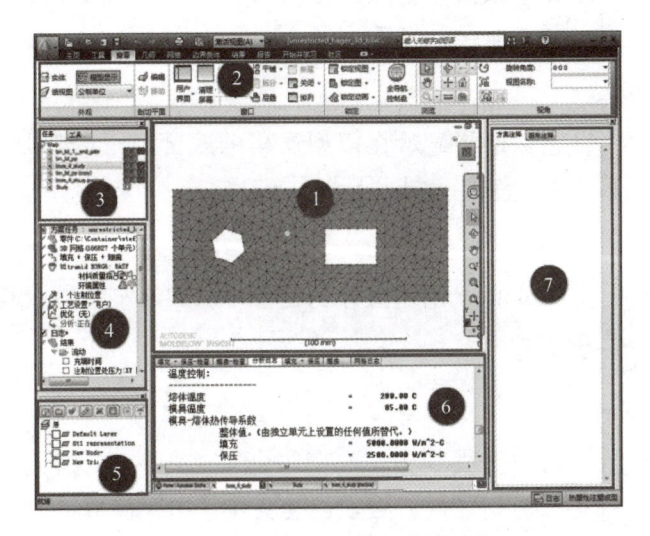

图 1-1 Moldflow 2019 用户操作界面

1. 模型窗格

模型窗格是用户界面的最大部分。模型窗格的底部是几个选项卡，每个选项卡都显示此工程会话中打开的不同方案，激活方案的选项卡位于前面。

2. 功能区

所有命令均位于窗口顶部的命令选项卡中，根据激活的选项卡会有不同的变化。例如，与零件建模相关的所有命令均可在"几何"选项卡上找到，而与分析结果相关的所有命令则可在"结果"选项卡上找到。命令按逻辑面板分组组织在一起，许多面板都可展开，以显示更多命令。

3. 工程视图窗格

"工程视图"面板显示正在进行分析的模型的相关信息，它位于"任务"选项卡的上半部分，工程中的所有方案均在此部分列出，并可指示网格类型和与该方案关联的分析序列的图标。在工程窗格中的任意方案或者工程图标本身上单击鼠标右键，将显示可访问多个工具的上下文菜单，包括该工程或方案的属性。

项目一 模流分析入门 5

4. 方案任务窗格

方案任务窗格位于"任务"选项卡的下半部分,包含激活方案的相关详细信息。在方案任务窗格中的任意项目上单击鼠标右键时,将激活上下文菜单,其中包含的内容取决于操作者单击的项目。

5. 层窗格

层是一个组织工具,用于隔离模型的零部件。层可以帮助提高模型可视化、处理和编辑的效率。层窗格位于图形用户界面的左下方。

层窗格可用于添加、激活、删除和修改与激活模型相关联的层。每个层可以单独显示,也可以同其他层一起显示。

6. 日志窗格

运行分析后,日志窗格将显示在模型窗格的底部,可以随时通过在方案任务窗格中勾选"日志"框来隐藏或显示日志窗格。

7. 注释窗格

注释窗格显示了 Moldflow 结果文件创建者写入的文本注释,其一般不显示。

1.1.3.2 主要菜单

1. 工程与方案

通常将分析组织到"工程"中,而在每个"工程"中又将不同的分析组织到"方案"中。在运行分析之前,必须创建要在其中存储数据的"工程"。

"工程"在工程管理方案中组织级别最高。工程中涵盖的所有信息都存储在单一目录中,可以将任意数量模型导入到工程中进行分析。同一工程中的结果可以相互比较,也可以将其合并到单个报告中。工程视图窗格中包含工程的名称以及其中所包含的方案和报告,如图1-2所示。

方案是基于一组固定输入(例如材料、注射位置、工艺设置)的分析或分析序列,创建的每个方案均显示在工程视图窗格中。方案任务窗格可显示有关活动模型的信息,如图1-3所示。

图1-2 工程视图窗格   图1-3 方案任务窗格

方案代表一个分析或分析序列,并且包含分析的所有设置和工艺条件,例如材料、注射位置、冷却液或开模时间等。方案将保存在工程中。

2. "选项"对话框

如图1-4所示，单击左上角文件菜单，选择"选项"命令，弹出的"选项"对话框如图1-5所示，其包括"常规""目录""鼠标""结果""外部应用程序""默认显示""查看器""背景与颜色""语言和帮助系统""互联网"和"报告"11个选项卡，可以进行修改默认的操作和显示设置，使Moldflow的操作和显示符合个人习惯。

图1-4 文件菜单　　　　图1-5 选项菜单

（1）"常规"选项卡。

① "测量系统"选项：可以设置公制单位和英制单位，需要根据导入的零件模型的单位制进行更改。

② "常用材料列表"选项：设置需要记住的最近使用过的材料数量（默认20个），主要是为了方便对最近使用过的塑料材料进行再次选择。

③ "自动保存"选项：选中该复选框可以按照指定的时间间隔自动保存当前运行的项目。

④ "建模基准面"选项：设置建模平面的栅格尺寸和平面尺寸。

⑤ "分析选项"：可以对分析选项进行更改，单击"更改分析选项（D）"，弹出如图1-6所示对话框，用于设置默认的分析类型。用户可以选择运行全面分析或者仅检查模型参数。

（2）"目录"选项卡（默认工作目录为：C:\Users\dell\Documents\My AMI 2019 Projects），可以更改工作目录并设置具体的工作目录来保存工程。

（3）"鼠标"选项卡，如图1-7所示，可以根据个人习惯设置鼠标中键、右键及滚轮与键盘的组合使用来对操作对象进行旋转、平移、局部放大、动态缩放，以及按窗口调整大小、居中、重设、测量等操作。

项目一　模流分析入门　　7

图1-6 "选择默认分析类型"对话框

图1-7 "鼠标"选项卡

(4)"结果"选项卡，如图1-8所示，用户根据需要选择各个分析类型对应的输出分析结果。单击"默认结果"列表框下的"添加/删除…"按钮设置输出结果，通过"顺序…"按钮对结果进行排序。

(5)"默认显示"选项卡，如图1-9所示，用来设置各个元素的显示类型，包括三角形单元、柱体单元、四面体单元、节点、表面/CAD面、区域、STL面和曲线，显示类型有实体、实体+单元边、透明、透明+单元边、缩小、网格、实心+网格、透明+网格等。

(6)"背景与颜色"选项卡，如图1-10所示，可以自定义设置选中单元颜色、未选中单元颜色、颜色加亮以及网格线颜色，并可设置日志背景颜色及字体。

图 1-8 "结果"选项卡　　　　　　图 1-9 "默认显示"选项卡

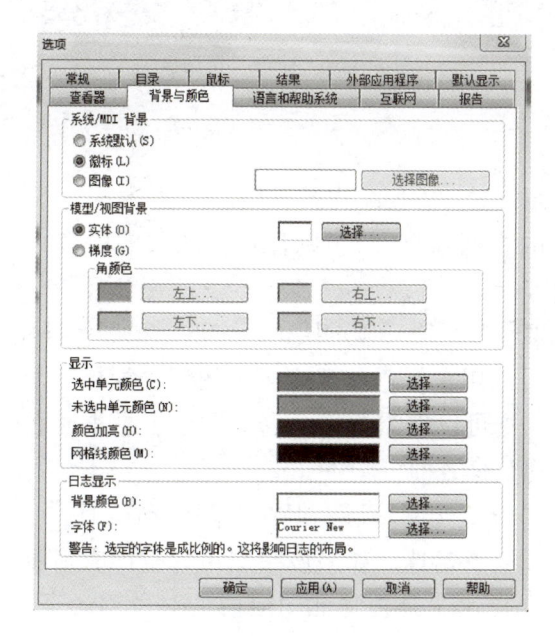

图 1-10 "背景与颜色"选项卡

（7）"报告"选项卡，如图 1-11 所示，可以设置默认报告格式（HTML 文档、PPT、WORD 三选一作为默认）、默认图像尺寸像素大小以及 AVI 动画设置。

3. 模型窗格中的视图方位

Moldflow 2019 视图方位可以按照上、下、左、右、前、后六个视图进行精确调整，首先由鼠标中键旋转模型到一定角度，然后用鼠标左键点选确定视图方位。

图1-11 "报告"选项卡

4. 层面板

层主要起到方便查看和方便操作的作用。

勾选图层前面的方框（打开），则显示该图层的内容；取消勾选（关闭），则隐藏该图层的内容。

新建层、清除层、激活层、显示层、指定层、扩展等操作。

（1）新建层：可以用它新建一个或多个图层。如果需要对原有或新建的图层进行重命名操作，则可以在需要重命名的图层上右击，在弹出的快捷菜单中单击"重命名（R）"命令即可。

（2）清除层：可以直接删除层，但在删除活动层时，会提示无法删除，需要在图层前面的方框取消勾选。如果该图层不为空即有对象（如节点、曲线和单元等）存在，则会提示"是否将此图层内的对象移动至活动层"，如果单击"是"按钮，则图层虽然会被删除，但图层里面的对象会因移动至活动层而不会被删除；如果单击"否"按钮，则与之相反。如果误删了图层，可以用"Ctrl+Z"组合键撤销。

（3）激活层：激活层以加粗的字体出现，当图层被激活后，接下来的新增对象（新建了流道，曲线和节点等）均会自动放置于此激活层中，一般不需要对图层进行激活操作。

（4）显示层：显示层，可以设定图层里面对象的显示颜色、显示模式以及这些对象是否显示等。

（5）指定层：将鼠标选中的对象（节点、曲线、流道、三角形和浇口等）移动至指定的层中。

10 注塑成型仿真分析技术

（6）扩展功能：主要在修复网格时使用。

1.1.3.3　CAD 导出标准

在 CAD 软件导出模型的过程中，要求导出的模型应尽量保持产品特征，模型质量越精密越好，这样在网格划分时才能尽量接近产品外形特征。下面介绍三种常见 CAD 软件导出模型的要求，见表 1-1。

表 1-1　CAD 导出标准

项目	Catia	Pro/E	UG	备注
模型要求	实体、面片	实体	实体、面片	推荐实体模型，面片模型（例如 STL 模型）容易缺失特征，前处理较麻烦
导出文件格式	igs、stp、stl 等	igs、stp、stl 等	igs、stp、stl 等	根据模型质量及分析需要选择文件格式，如要借助相应前处理软件，则需要按照要求导出。曲线等一般用 igs 导出，零件模型用 stl 导出
导出步骤	多个实体首先运行布尔运算合并为一个实体，然后另存为相应文件格式	保存副本为相应文件格式	另存为相应文件格式	

1.1.3.4　CAD 简化修复标准

在模型处理过程中，对模型进行适当的简化及修复是必须的。一些圆角、标记、凸起等制品小结构对于网格匹配率、纵横比等模型质量影响非常大，将为网格编辑带来烦琐的工作，保留这些结构对流动分析等结果意义不大。因此，CAD 模型转换和导入之前一般要进行相应的简化处理，以提高模型处理的效率及质量。同时模型在不同 CAD、CAE 软件之间进行转换时，由于转换格式衔接的问题往往伴随着模型特征变形或丢失，需要借助模型前处理工具进行必要的修复，这样大大提高了在 Moldflow 软件中模型处理的效率及质量。模型简化基本标准见表 1-2。

表1-2 模型简化基本标准　　　　　　　　　　　　　　　　　　　　　mm

制品类型	去除特征						备注
	圆角 R	倒角 C	孔 ϕ	台阶 H	柱子 ϕ	凸凹面 ϕ	
大型制品	0.5t	0.5t	3	1	3	0.5	t 为制品厚度。小于给定值的特征应该去除
中型制品	0.5t	0.5t	2	1	2	0.5	
精密制品	0.5t	0.5t	1	0.5	1	0.3	

为了便于将塑料制品分类区分，以下按照制品壁厚尺寸划分为三类：大型制品、中型制品和精密制品，并且按照制品功能细分为汽车、家电、电子类产品，其他未包含在内的产品可参考类似标准，见表1-3。

表1-3 制品分类说明

制品类型	分类说明	壁厚范围/mm	常见制品
大型制品	汽车类	2.5~4	汽车保险杠、仪表板、门板等
	家电类	2~3	冰箱门板、大抽屉、柜机空调面板、箱体、电视机前后壳、洗衣机桶等
中型制品	汽车类	2~3	保险杠支撑骨架、翼子板、扰流板、副仪表板、护板、发动机装配机等
	家电类	2~3	冰箱底座、小抽屉，柜机空调灯盖、底座、导风板等；电机底座、底座盖等
精密制品	汽车类	1~2（厚壁，壁厚不均）	汽车车灯、门把手、中控面板装配件、汽车空调装配件、杂物箱装配件等
	家电类	1~2（厚壁，壁厚不均）	遥控器外壳、装饰件、旋钮、按键、连接件等
	电子类	0.5~2.5（厚壁，壁厚不均）	计算机设备，如台式机、笔记本电脑等；通信设备，如手机、固定电话等；数码产品，如U盘、移动存储器等

1.1.4 问题探讨

（1）Moldflow 的主要工作界面由哪些部分组成？功能性界面的特点有哪些？
（2）Moldflow 中的工程如何创建？文件是如何存储的？怎样设置工作目录？
（3）简述 CAD 导出标准、简化标准及其意义。
（4）如何使用鼠标进行模型的查看操作？
（5）思考一下图层的作用，以及如何设置图层。

1.1.5 任务拓展

进入"帮助"界面，通过入门教程学习，掌握 Moldflow 界面的布局及命令的组织方式；结合图层进行对象的显示和隐藏；进入"帮助"界面，学习入门知识，用自己熟悉的 CAD 软件导出符合 Moldflow 需要的模型。

任务 1.2 分析流程

知识点

◎熟悉 Moldflow 分析基本流程。
◎熟悉模流分析师岗位职责及工作规范。

技能点

◎运用所学知识，参考视频资料完成模流分析基本过程。
◎能完成 Moldflow 的模型导入、网格类型选择、基本流程设定、分析结果查看等工作。

素养点

◎能够通过岗位工作训练培养严谨细致、爱岗敬业的工作作风和劳动态度。
◎通过模流分析的作用了解标准化对行业产业发展的意义，培养标准化意识。

任务描述

◎通过完成本任务，使读者掌握 Moldflow 分析流程，完成从模型导入到结果查看的基本过程；基本了解 Moldflow 的作用，了解 Moldflow 工程师要求。

1.2.1 任务实施

1.2.1.1 Moldflow 2019 的启动

（1）双击桌面上 Autodesk Moldflow Synergy 2019 软件的快捷方式图标，启动软件。

（2）单击"开始"→"所有程序"→"Autodesk"→"Autodesk Moldflow Insight 2019"，启动软件。

（3）选择"文件"中的"新建项目"命令，系统弹出"创建新工程"对话框，如图 3-2 所示。

（4）在"工程名称"文本框中输入"1-03"，指定创建位置的文件路径，单击"确定"按钮创建新工程,此时在工程管理视窗中的任务显示了名为"1-03"的工程。

1.2.1.2 导入模型

(1) 右击"1-03_方案",在右键弹出菜单中单击"导入" 导入(I)... 命令,或者单击工具栏上的"输入模型"图标,进入模型导入对话框。

(2) 在"文件类型"下拉列表中,选择文件格式类型为 Stereolithograpy(＊.stl),选择文件"1-03.stl",单击"打开"按钮,此时要求用户预先选择网格划分类型(Dual Domain)即表面模型,尺寸单位默认为 mm。

(3) 单击"确认"按钮,上盖模型即被导入,在方案任务视窗中出现"方案任务:1-03_方案"。

1.2.1.3 网格划分

双击方案任务视窗中的图标 创建网格...,或者选择"网格"中的"生成网格"命令,按默认的参数单击"立即划分网格"按钮,系统将自动对模型进行网格的划分和匹配。划分完毕后,可以看到如图 1-12 所示的上盖网格模型,此时在层管理视窗中新增加了"网格节点"和"网格单元"两个层,如图 1-13 所示。

图 1-12　网格模型　　　　图 1-13　层显示结果

1.2.1.4 网格统计

选择"网格"中的"网格统计"选项,"单元类型"确认为"三角形",单击"显示"按钮,如图 1-14 所示,出现"网格统计"对话框,如图 1-15 所示,单击右上角 图标,可以用独立图框显示网格统计结果。

1.2.1.5 设定分析类型

双击方案任务视窗中的图标 充填,或者选择"分析"中的"设定分析序列"选项,系统自动弹出"选择分析顺序"对话框,如图 1-16 所示。

选择对话框中的"浇口位置",单击"确定"按钮,此时方案任务视窗中的 充填"充填"变为 浇口位置"浇口位置"。分型类型已经选定。

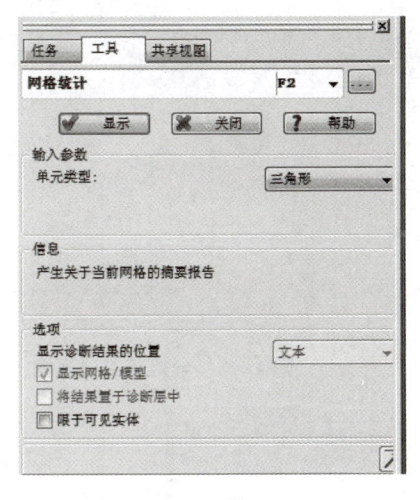

图 1-14　单击"网格统计"命令　　　　图 1-15　网格统计结果

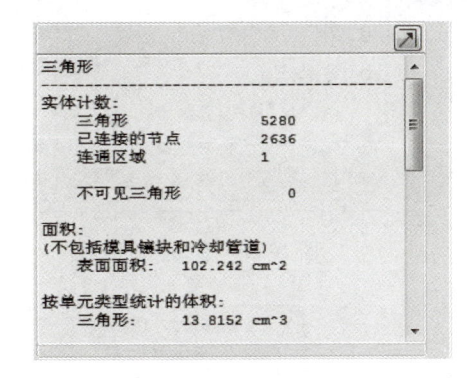

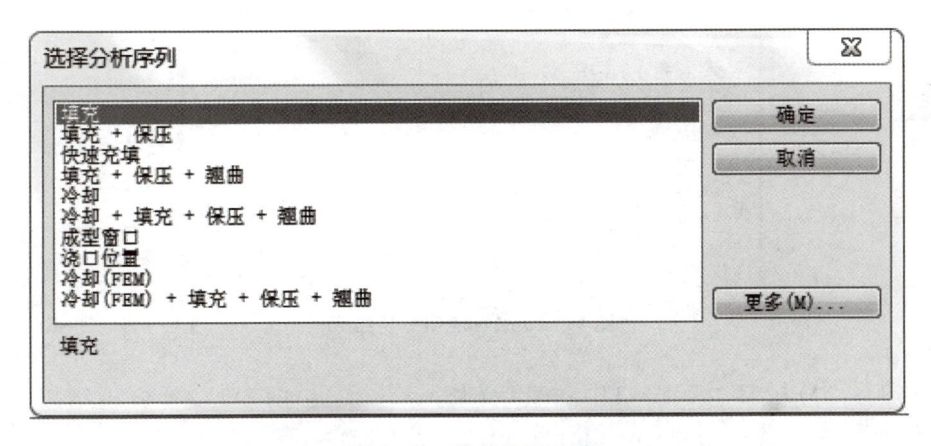

图 1-16　选择分析序列

1.2.1.6　定义成型材料

"1-03_方案"的成型材料使用默认的 PP 材料，在方案任务视窗中的材料栏显示为 ✓ 通用 PP：通用默认 。

1.2.1.7　浇口位置分析

（1）浇口优化分析时不需要事先设置浇口位置，成型工艺条件采用默认。双击方案任务视窗中的"开始分析！"，系统弹出如图 1-17 所示的信息提示对话框，单击"确定"按钮开始分析。

（2）当屏幕中弹出分析完成对话框时，如图 1-18 所示，表明分析结束，方案任务视窗中显示为分析结果，如图 1-19 所示，单击"确定"按钮退出。

项目一　模流分析入门　15

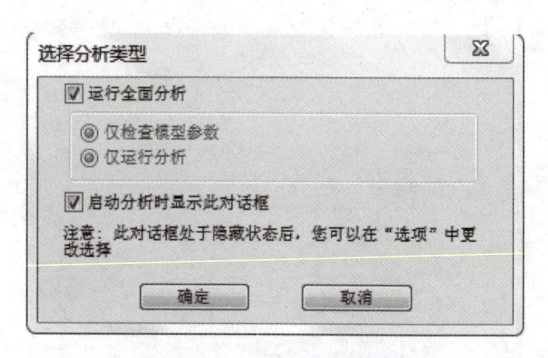

图 1-17　选择分析类型　　　　　图 1-18　分析结束对话框

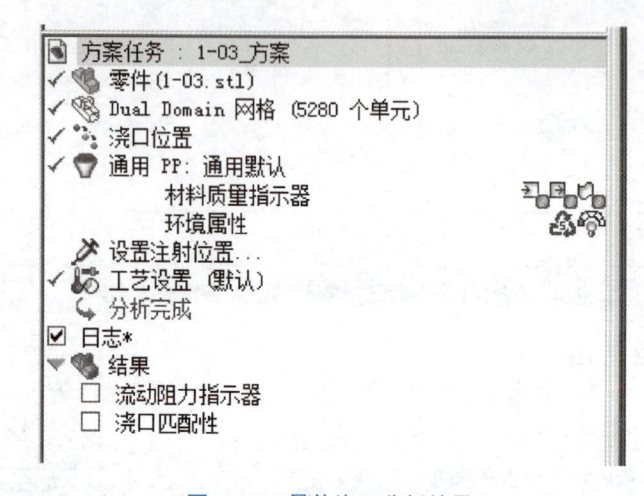

图 1-19　最佳浇口分析结果

(3)"分析日志"窗口中的最后部分给出了最佳浇口位置分析结果，如图 1-20 所示，最佳浇口位置出现在 N1099 节点附近。

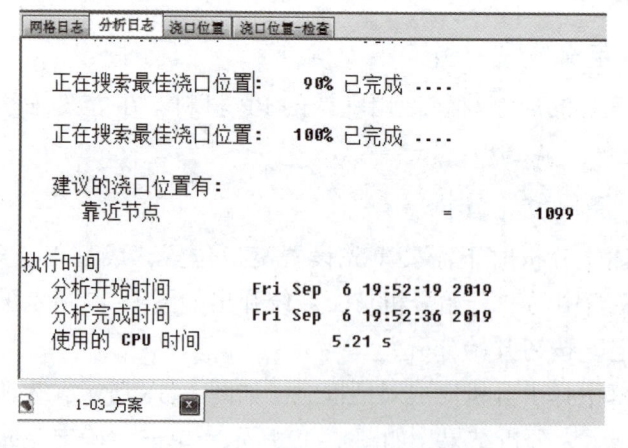

图 1-20　最佳浇口位置分析结果　　　　分析流程

观看步骤 1.2.1.1~1.2.1.7 的操作视频，请扫描二维码 E1-3。

1.2.1.8 复制方案

在工程管理视窗中右击已经完成的 1-03_方案（浇口位置），在弹出的快捷菜单中选择"重复（U）"选项，如图1-21所示，此时在工程管理视窗中出现了一个新的复制方案 1-03_方案（浇口位置）（复制），然后双击该图标进入该方案，如图1-22所示。

图1-21 复制方案

图1-22 方案复制结果

1.2.1.9 设定分析类型

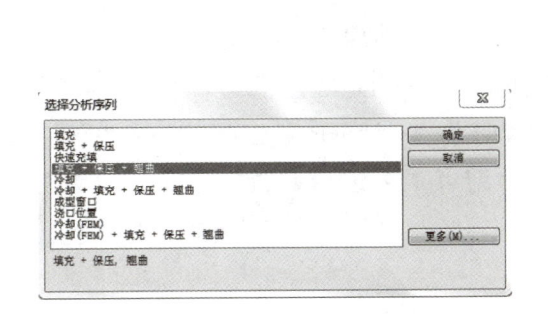

产品的初步成型分析采用"流动+翘曲"。双击方案任务视窗中的 浇口位置 图标，系统弹出"选择分析序列"对话框，如图1-23所示，选择"填充+保压+翘曲"选项，单击"确定"按钮，完成分析类型的选定，如图1-24所示。

图1-23 选择分析类型

图1-24 方案任务状态

1.2.1.10 设定注射位置

根据浇口优化结果，系统自动在最佳浇口位置节点 N1099 处设定了一个浇口，如图1-25所示。此外，也可以通过查找 N1099 节点，手动设置浇口位置。

项目一 模流分析入门　17

图 1-25 最佳浇口位置

单击模型上的浇口,并单击键盘上的"删除"按钮删除自动设置的浇口。在"网格"菜单的"选择"方框中输入"N1099",如图 1-26 所示,在键盘上按"Enter"键,即选中节点 N1099,如图 1-27 所示,该节点显示的颜色为红色。

图 1-26 选择节点对话框   图 1-27 选中节点

双击方案任务视窗中的 设置注射位置 图标,此时鼠标光标变为"+",选择模型上的红色节点 N1099,完成进浇点设置。

1.2.1.11 设定工艺参数

本例采用默认的工艺参数,双击方案任务视窗中的 工艺设置(默认) 图标,系统弹出"成型参数设置向导"对话框,如图 1-28 所示,采用默认值,单击"下一步"按钮,进入"成型参数设置向导"对话框的第 2 页,选中"分离翘曲原因"复选框。单击"完成"按钮,结束工艺过程参数的定义,如图 1-29 所示。

图 1-28 工艺参数设置 1   图 1-29 工艺参数设置 2

18 注塑成型仿真分析技术

1.2.1.12 分析计算

当方案任务视窗中的各项任务出现✓图标时，表明该任务已经完成设定。图1-30显示任务已经定义完成，即可进行分析计算。双击"开始分析"图标，AMI求解器开始计算，"分析日志"中显示计算的相关信息，如图1-31所示。分析结束后，系统弹出分析完成对话框，单击"确定"按钮退出。

图1-30　方案任务状态

图1-31　分析日志

1.2.1.13 查看结果

（1）在分析结果中选中☑ **充填时间**复选框，单击"结果"→"动画"显示充填时间结果，如图1-32所示，总时间为3.207 s。以动态的方式显示熔料充填型腔过程，即单击工具栏上的动画播放器图标，模型窗口显示出充填过程动画，如图1-33所示。

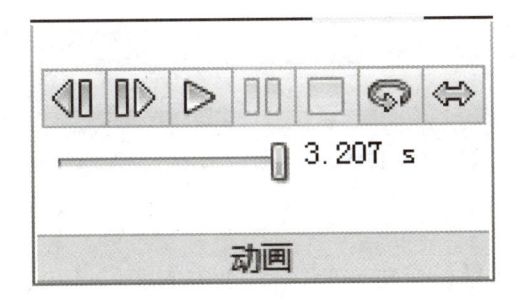

图1-32　动画播放窗口

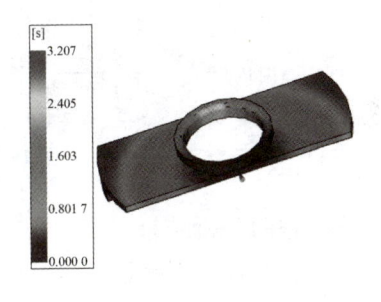

图1-33　模型窗口显示

选中☑ **气穴**复选框，显示气穴位置，如图1-34所示，气穴主要出现在上盖的边缘，处于分型面上，因此气体可以通过分型面排出。

图1-34　气穴

项目一　模流分析入门　19

选中 ☑ **熔接线** 复选框，显示熔接线位置，如图 1-35 所示，熔接线主要出现在产品对称平面的边缘处，此处应避免受力过大。

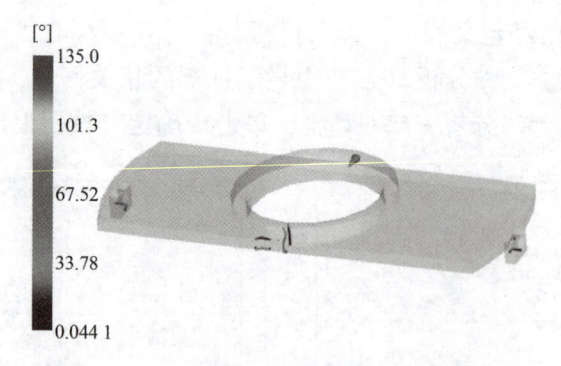

图 1-35　熔接线

（2）锁模力：*XY* 图。选中 ☑ **锁模力：XY 图** 复选框，显示充填过程中锁模力的变化曲线，如图 1-36 所示。

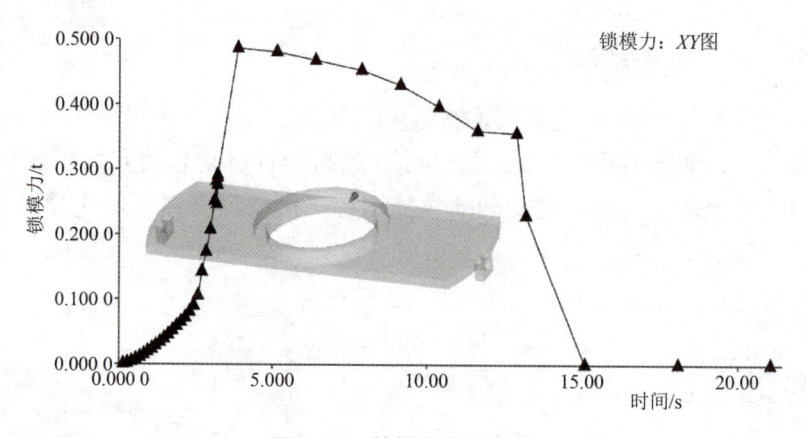

图 1-36　锁模力变化曲线

（3）翘曲分析结果。

翘曲结果显示成型制品的总体变形量、*X* 方向变形量、*Y* 方向变形量和 *Z* 方向变形量。

选中各复选框将可以显示总体变形量、*X* 方向变形量、*Y* 方向变形量和 *Z* 方向变形量。

此外，分离翘曲原因可以分别显示由冷却不均、收缩不均以及取向不均等因素的引起的变形量，如图 1-37 所示。因收缩不均引起的变形量显示如图 1-38 所示。

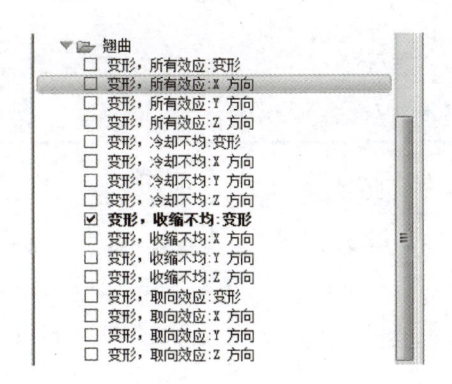

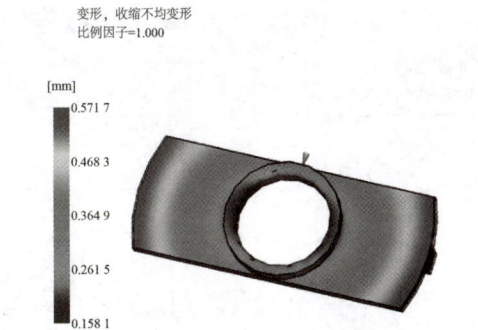

图 1-37 翘曲结果　　　　图 1-38 收缩不均引起的变形量

观看步骤 1.2.1.8~1.2.1.13 的操作视频，请扫描二维码 E1-4。

分析流程

项目一　模流分析入门　21

学习笔记

1.2.2 填写“课程任务报告”

课程任务报告

<table>
<tr><td>班级</td><td></td><td>姓名</td><td></td><td>学号</td><td></td><td>成绩</td><td></td></tr>
<tr><td>组别</td><td></td><td>任务名称</td><td colspan="3">分析流程</td><td>参考课时</td><td>2 课时</td></tr>
<tr><td>任务要求</td><td colspan="7">1. 对照任务参考过程、相关视频、知识介绍，完成上盖零件的模流分析基本过程。
2. 掌握网格划分、网格统计、分析类型、成型材料、浇口位置、结果查看等基本操作。
3. 掌握最佳浇口位置分析的方法和最佳进浇点的查找方法。</td></tr>
<tr><td>任务完成过程记录</td><td colspan="7">总结的过程按照任务的要求进行，如果位置不够则增加附页（可根据实际情况，适当安排拓展任务供同学分组讨论学习，此时以拓展训练内容的完成过程进行记录）。</td></tr>
</table>

1.2.3 知识学习

1.2.3.1 注塑工艺的过程

塑料加工工艺的趋势正朝着高新技术的方向发展，这些技术包括：微型注塑、高填充复合注塑、水辅注塑、混合使用各种特别注塑成型工艺、泡沫注塑、模具技术、仿真技术等。

注塑工艺的过程主要包括填充-保压-冷却-脱模4个阶段，这4个阶段直接决定着制品的质量好坏，它是一个完整的连续过程。

1. 填充阶段

填充是整个注塑循环过程中的第一步，时间从模具闭合开始注塑算起，到模具型腔填充到大约95%为止。理论上，填充时间越短，成型效率越高，但是实际中，成型时间或者注塑速度要受到很多条件的制约。

2. 保压阶段

保压阶段的作用是持续施加压力，压实熔体，增加塑料密度（增密），以补偿塑料的收缩行为。在保压过程中，由于模腔中已经填满塑料，故背压较高。在保压压实过程中，注塑机螺杆仅能慢慢地向前做微小移动，塑料的流动速度也较为缓慢，这时的流动称作保压流动。由于在保压阶段，塑料受模壁冷却固化加快，熔体黏度增加也很快，因此模具型腔内的阻力很大。在保压的后期，材料密度持续增大，塑件也逐渐成型，保压阶段要一直持续到浇口固化封口为止，此时保压阶段的模腔压力达到最高值。

3. 冷却阶段

在注塑成型模具中，冷却系统的设计非常重要。这是因为成型塑料制品只有冷却固化到一定刚性，脱模后才能避免塑料制品因受到外力而产生变形。由于冷却时间占整个成型周期的70%~80%，因此设计良好的冷却系统可以大幅缩短成型时间，提高注塑生产率，降低成本。设计不当的冷却系统会使成型时间拉长，增加成本，冷却不均匀更会进一步造成塑料制品的翘曲变形。

4. 脱模阶段

注塑成型的成型周期由合模时间、充填时间、保压时间、冷却时间及脱模时间组成，其中以冷却时间所占比重最大，为70%~80%。因此冷却时间将直接影响塑料制品成型周期长短及产量大小。脱模阶段塑料制品温度应冷却至低于塑料制品的热变形温度，以防止塑料制品因残余应力导致的松弛现象或脱模外力所造成的翘曲及变形。

1.2.3.2 MoldFlow 分析技术的作用

Moldflow 分析技术的作用在于以下几个方面。

1. 优化塑料制品设计

塑件的壁厚、浇口数量、位置及流道系统设计等是影响塑料制品成型成败和质量的关键。以往全凭制品设计人员的经验来设计，往往费力、费时，设计出的制品也不尽合理。利用 Moldflow 软件，可以快速地设计出最优的塑料制品。

制品设计者能用流动分析解决下列问题。

1）制品能否全部注满

这一古老的问题仍为许多制品设计人员所关注，尤其是大型制件，如盖子、容器和家具等。

2）制件实际最小壁厚

如能使用薄壁制件，就能大大降低制件的材料成本。减小壁厚还可大大降低制件的循环时间，从而提高生产效率，降低塑件成本。

3）浇口位置是否合适

采用 Moldflow 分析可使产品设计者在设计时具有充分的选择浇口位置的余地，确保设计的审美特性。

2. 优化塑料模设计

由于塑料制品的多样性、复杂性和设计人员经验的局限性，传统的模具设计往往要经过反复试模、修模才能成功。利用 Moldflow 软件，可以对型腔尺寸、浇口位置及尺寸、流道尺寸和冷却系统等进行优化设计，在计算机上进行试模、修模，可大大提高模具质量，减少试模次数。

Moldflow 分析可在以下诸方面辅助设计者和制造者，以得到良好的模具设计。

1）良好的充填形式

对于任何的注塑成型来说，最重要的是控制充填的方式，以使塑件的成型可靠、经济。单向充填是一种好的注塑方式，它可以提高塑件内部分子单向和稳定的取向性。这种填充形式有助于避免因不同的分子取向所导致的翘曲变形。

2）最佳浇口位置与浇口数量

为了对充填方式进行控制，模具设计者必须选择能够实现这种控制的浇口位置和数量，而 Moldflow 分析可使设计者有多种浇口位置的选择方案并对其影响做出评价。

3）流道系统的优化设计

实际的模具设计往往要反复权衡各种因素，尽量使设计方案尽善尽美。通常通过流动分析，可以帮助设计者设计出压力平衡、温度平衡或者压力、温度均平衡的流道系统，还可对流道内的剪切速率和摩擦热进行评估，如此便可避免材料的降解和型腔内过高的熔体温度。

4）冷却系统的优化设计

通过分析冷却系统对流动过程的影响，可优化冷却管路的布局和工作条件，从而产生均匀的冷却，并由此缩短成型周期，减少产品成型后的内应力。

5）减小返修成本

提高模具一次试模成功的可能性是 Moldflow 分析的一大优点，反复地试模、修模要耗损大量的时间和金钱。此外，未经反复修模的模具，其寿命也较长。

3. 优化注塑工艺参数

由于经验的局限性，故工程技术人员很难精确地设置制品最合理的加工参数，选择合适的塑料材料和确定最优的工艺方案。Moldflow 分析技术可以帮助工程技术人员确定最佳的注射压力、锁模力、模具温度、熔体温度、注射时间、保压压力和保压时间、冷却时间等，以注塑出最佳的塑料制品。

注塑者可望在制件成本、质量和可加工性方面得到 Moldflow 技术的帮助。

1）更加宽广、更加稳定的加工"裕度"

流动分析对熔体温度、模具温度和注射速度等主要注塑加工参数提出一个目标趋势，通过流动分析，注塑者便可估计各个加工参数的正确值，并确定其变动范围。他会会同模具设计者一起，可以结合使用最经济的加工设备，设定最佳的模具方案。

2）减小塑件应力和翘曲

选择最好的加工参数，使塑件残余应力最小。残余应力通常使塑件在成型后出现翘曲变形，甚至发生失效。

3）省料和减少过量充模

流道和型腔的设计采用平衡流动，有助于减少材料的使用和消除因局部过量注射所造成的翘曲变形。

4）最小的流道尺寸和回用料成本

流动分析有助于选定最佳的流道尺寸，以减少浇注系统塑料的冷却时间，从而缩短整个注射成型的时间，以及减少浇注系统中塑料的体积。

1.2.3.3 MoldFlow 主要模块及功能

1. 塑料流动分析

塑料流动分析是指，对塑料熔体的流动情况进行仿真分析，从而优化塑料零件和注塑模具设计，减少潜在的零件缺陷，并改善注塑成型工艺。

（1）零件成型缺陷分析：确定潜在的零件缺陷，如熔接线、困气和缩痕，然后进行设计优化，以避免这些问题。

（2）热塑性塑料填充分析：对热塑性塑料注塑成型工艺中的填充阶段进行仿真分析，以预测塑料熔体的流动模式，确保塑料熔体均匀地填充型腔，避免短射，清除或尽量避免熔接线和困气，或者改变其位置。

（3）热塑性保压分析：优化注塑成型工艺中的保压曲线，实现体积收缩量及其分布情况的可视化，从而有助于最大程度地减少塑料零件的翘曲并消除缩痕等成型缺陷。

2. 浇注系统分析

对冷、热流道系统与浇口设计进行建模和优化，改善零件外观质量，最大限度地减少零件翘曲并缩短成型周期。

（1）浇口位置分析：可同时确定多达 10 个浇口的位置。在确定浇口位置时，最大限度地降低注塑压力并排除特定的限制区域（如外观面）。

（2）流道设计向导：根据所输入或选择的浇注系统的排布方式、尺寸和截面类型快速创建浇注系统。

（3）流道平衡分析：平衡单型腔模具、多型腔模具和家族模具中的流道系统并优化流道尺寸，以保证所有零件能够同时充填完成，降低零件的内应力并减少塑料的耗费。

（4）热流道系统分析：评估简化或详细的热流道系统设计，可详细地构建热流道系统中各部件的模型（需要各部件详细的三维几何模型）并设置顺序阀浇口，以便小数熔接线和控制保压。

3. 模具冷却分析

评估冷却系统所确定的模具温度分布，改进冷却系统的效率，改善零件外观的质量，降低零件的表面粗糙度，并缩短注塑成型周期。

（1）冷却部件的建模：精确分析模具冷却系统的效率。构建冷却水路（常规或异形水路）、隔水板、喷水管、加热元器件、蒸汽管道、感应线圈、模具镶件及模架的类型。

（2）冷却系统分析：优化模具和冷却水路设计，实现零件的均匀冷却，最大限度地缩短成型周期，减少零件翘曲，并降低制造成本。验证高级冷却技术的应用效果及其水路的排布，如随形冷却、感应加热和瞬态冷却的计算。

（3）快速热循环成型（急冷急热成型）分析：基于瞬态模具温度分布的功能，通过设置模具表面温度变化曲线或模具加热器（热电偶、蒸汽或电磁等），使模具在填充阶段位置的较高温度处，以改善充填并使表面光滑，消除熔接线。在保压和冷却阶段快速降低模具温度以冷却零件，缩短成型周期。

（4）收缩和翘曲分析：评估塑料零件和注塑模具设计，帮助控制收缩和翘曲。

4. 收缩分析

根据工艺参数和具体的材料预测零件的收缩率，以确保零件满足设计公差的要求。

（1）翘曲分析：预测由成型应力所导致的产品翘曲，找出可能发生翘曲的部位，并优化零件和模具设计及材料和工艺参数选择，以帮助控制零件的变形。

（2）型芯偏移分析：通过优化注塑压力、保压曲线、浇口位置、模具型芯的结构及固定方式等参数，找出最佳的工艺条件，预测并最大限度地减少模具型芯在成型过程中的变形。

（3）纤维取向分布和断裂分析：通过长、短玻纤求解器，以及先进的长玻纤断裂分析功能，帮助用户预测并控制注塑零件中的纤维取向分布，减少成型过程中的长玻纤断裂，以减少注塑零件的收缩和翘曲。

5. CAE 数据交换

使用数据交换工具使 Moldflow 与结构分析软件进行数据交换和联合仿真，帮助验证和优化塑料零件的设计。通常可与 Autodesk Simulation Mechanical、Autodesk Nastran 和 ANSYS、Abaqus 等 CAE 软件实现数据交换，从而实现根据实际制造后产品的材质属性预测塑料零件的实际性能。

6. 热固性塑料流动分析

对热固性塑料注塑成型、RIM/SRIM、树脂传递成型以及橡胶复合材料的注塑进行仿真。

7. 反应注塑成型

评估含与不含纤维增强的热固性材料的充填效果，避免因树脂提前固化所造成的短射；预测困气或熔接线问题；平衡流道系统；选择注塑机规格并评估热固性材料的选择。

8. 微芯片封装

对利用树脂封装的半导体芯片以及电子芯片的封装过程进行仿真，预测因为树脂流动或压力不均匀而造成的型腔变形和引线架的位移。

9. 覆晶封装

对倒装芯片封装工艺进行仿真，预测材料在芯片和基板之间的型腔内的流动情况。

10. 嵌入成型分析

进行嵌入成型的分析，帮助确定模具镶件或产品嵌件对熔体流动、模具冷却效率和零件翘曲变形的影响。

11. 双色成型分析

对双色成型工艺进行仿真分析，填充一个零件，然后打开模具，后模旋转到新位置，在第一个零件上采用双色注射第二个零件。

12. MuCell 分析

MuCell（Trexel 公司的专利技术）仿真结果包括填充模式、注塑压力及细胞大小和分布，这些结果对于优化 MuCell 成型工艺本身或使用该工艺的零件都至关重要。

13. 气体辅助注塑成型分析

确定浇口和进气口的位置、熔体在充气前的注塑体积，以及如何优化气道的尺寸和排布。

14. 共注塑成型分析

实现型腔内皮层材料和型芯材料注塑过程的可视化，并填充过程中查看这两种材料流动状态之间的动态关系，优化材料组合，同时最大限度地提高产品的性价比。

15. 共压成型或纯压缩成型分析

注压成型或纯压缩成型工艺的仿真分析，在这种工艺中，聚合物的注入和模具的压缩阶段可同步或先后进行，评估材料的选择、优化零件设计、模具设计以及工艺参数。

1.2.3.4 Moldflow 分析流程

Moldflow 的一般分析流程如图 1-39 所示。

新建工程项目 ⇒ 导入或新建CAD模型 ⇒ 模型网格划分 ⇒ 模型网格检查与修补 ⇒ 选择分析类型 ⇒ 选择成型材料 ⇒ 建立浇注系统 ⇒ 建立冷却系统 ⇒ 设定工艺参数 ⇒ 分析计算 ⇒ 查看分析结果

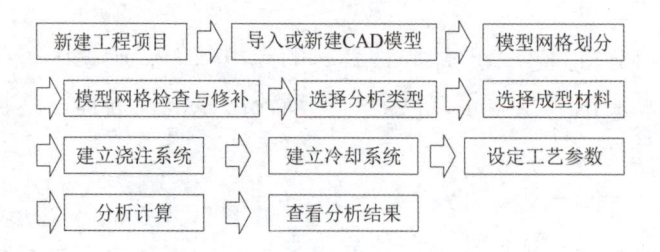

图 1-39 Moldflow 的一般分析流程

分析流程包括三个主要的方面：建立网格模型、设定分析参数以及查看分析结果。

1. 建立网格模型

网格模型的建立包括新建工程项目、导入或新建 CAD 模型、模型网格划分以及网格检查与修复。导入或新建 CAD 模型时，通常要根据分析的具体要求，对模型进行一定的简化。

首先新建一个工程，导入 3D 模型数据，一般是事先用 UG、Pro/E、CATIA 等软件将其转换为 igs、stp、stl 等格式，然后针对模型进行网格划分，并修复网格达到分析要求，大部分采用划分的默认网格。

2. 设定分析参数

设定分析参数，包括选择分析类型、选择材料、工艺设置向导、建立浇注系统（设置注射位置）、建立冷却系统（设置冷却入口等）。

3. 查看分析结果

分析结束之后，可以通过结果菜单对分析结果进行查询，也可以通过适当的处理结果得到定制化的分析结果。

1.2.3.5　MoldFlow 分析工程师岗位能力标准

1. Moldflow 团队

不能单纯认为 Moldflow 仅仅是 Moldflow 工程师的工作，Moldflow 必须贯穿于整个产品生命周期（PLM）才能发挥其作用。在 PLM 中涉及的包括产品开发人员、模具工程师、现场成型人员、项目经理、各部门主管等，都需要具备 Moldflow 的基本素养。

2. Moldflow 工程师必备的知识和技能

Moldflow 工程师是项目组的关键角色之一，用好 Moldflow 是保证项目运行的基础。Moldflow 工程师必备的知识和技能为：聚合物材料流变学，高分子材料成型基础。

产品设计方面，具备 3~6 个月的实际产品设计经验，至少参与一个产品设计的项目，大学毕业设计课题与此相关可等效。

模具设计方面，具备 3~6 个月的实际模具设计经验，至少参与一个模具设计的项目，大学毕业设计课题与此相关可等效。

现场成型方面，具备 3~6 个月的实际调机经验，掌握实际注塑机的理论及实际操作。

Moldflow 基础操作及理论方面，接受 Moldflow 专业基础操作培训和高级优化培训。

CAD 软件掌握方面，至少熟练掌握一门 CAD 软件，比如 UG、Pro/E、Catia 等。

此外，Moldflow 工程师需要具备很强的交流、沟通、协调能力，需要充分与项目组成员交流，才能把握正确的信息，并做出符合项目要求的优化方案。

3. Moldflow 工程师的分级

优秀的 Moldflow 工程师不是一蹴而就的，是一步一步通过不断的积累成长起来的。

Moldflow 工程师通用分级标准如下：

操作级别：1 年及以上，熟练掌握 Moldflow 的基本操作，准确理解 Moldflow 的各项命令以及技术参数，能正确理解 Moldflow 分析的结果并制作完整的分析报告。

应用级别：3 年及以上，属于技术层面的级别，熟练运用 Moldflow 分析结果解决实际成型的质量以及成本优化问题，并对项目提出合理的改善意见。

项目级别：5 年及以上，属于高级技术层面的级别，以系统思维运用 Moldflow 综合评估项目的质量和成本，对项目做出决策，把握项目开发的进程。

专家级别：8 年及以上，属于 Moldflow 运用的专家级别，能够利用 Moldflow

主导新、高、精、难重点项目的攻关。

4. Moldflow 相关项目组成员的要求

Moldflow 的应用并非仅仅是 Moldflow 工程师的事情，项目组其他成员也需要具备 Moldflow 的相关素养。

材料工程师：保证 Moldflow 分析所用材料参数的准确性，能够结合 Moldflow 评估材料的成型性能，对产品设计、模具设计以及成型工艺提供指导。材料工程师或材料支持工程师本身也可以是 Moldflow 工程师。

产品工程师：掌握 Moldflow 结果的研读，结合 Moldflow 评价或者经验判据优化验证产品结构设计。

模具工程师：掌握 Moldflow 结果的研读，结合 Moldflow 评价或者经验判据优化验证模具设计，例如流道、冷却水路优化。

成型工程师：掌握 Moldflow 结果的研读，能够从成型工艺的角度联合 Moldflow 工程师确定合理的初始工艺条件，并在项目试模出现问题时提供准确的实际工艺条件进行评估优化。

技术主管：含技术经理、项目经理、专家、顾问乃至更高的技术副总等。掌握 Moldflow 结果的判读以及运用，控制 Moldflow 分析结果的有效性，并确保 Moldflow 标准在项目中贯彻实施。

1.2.4　问题探讨

（1）总结 Moldflow 模流分析的基本过程。

（2）Moldflow 的作用是什么？

（3）如何成为一名合格的 Moldflow 工程师或如果应用好 Moldflow？

1.2.5　任务拓展

（1）根据零件模型（如图 1-40 所示 MP3 模型），进行分析设置，完成模流分析的基本过程。

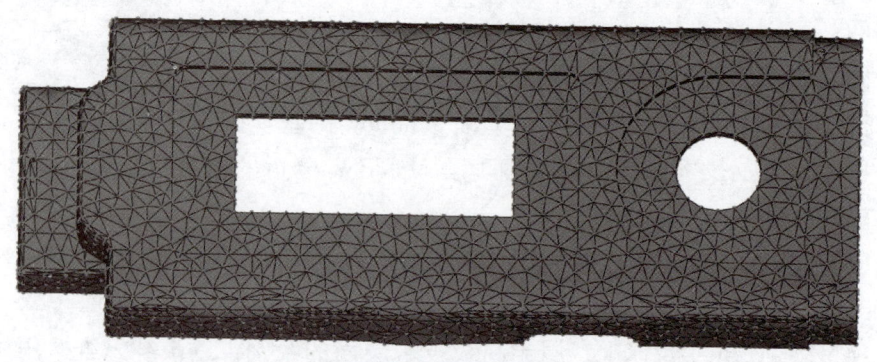

图 1-40　MP3 模型

(2) 练习在 CAD 软件中设计简单塑件模型并导出 stl 和 igs 格式交换文件。绘制曲线，导出为 igs 格式交换文件。

任务1.3　划分网格

知识点

◎网格划分方法。
◎网格质量要求。
◎网格检查与修改知识。

技能点

◎满足网格质量要求，划分用于相关计算所需要的合格网格。
◎具备拓展能力，掌握网格划分的方法与技巧，能划分出合格网格。

素养点

◎熟悉网格标准，树立规范意识。
◎具备善于抓住主要矛盾的马克思主义方法论。
◎具备拓展能力，掌握网格划分的方法与技巧，能划分出合格网格。

任务描述

◎通过完成本任务，使读者掌握 Moldflow 网格的类型、网格软件的特点，能使用网格划分工具划分出网格，并进行网格统计等。

1.3.1　任务实施

1. 表面模型网格划分

(1) 单击"新建工程"，新建工程名为"1-04"，选择"Dual Domain"，将"mm"单位导入 1-04.stl 插座底板模型，此时在工程管理视窗中的任务显示了名为"1-04"的工程，导入模型如图 1-41 所示。

注意：此时产品的 Z 方向垂直屏幕，需要确保 Z 方向为产品的开模方向，因为 Moldflow 的默认开模方向是 Z 方向，这样锁模的压力计算才会准确，同时以便后续自动创建浇注系统和冷却系统。

(2) 如果产品的开模方向不是 Z 方向，则需要做调整。调整的方法为选择菜单栏中的"几何"→"移动"→"旋转"选项，系统弹出"旋转"定义信息，如图 1-42 所示。根据产品的实际情况在该对话框中输入相关情况，即可做出调整。

项目一　模流分析入门　31

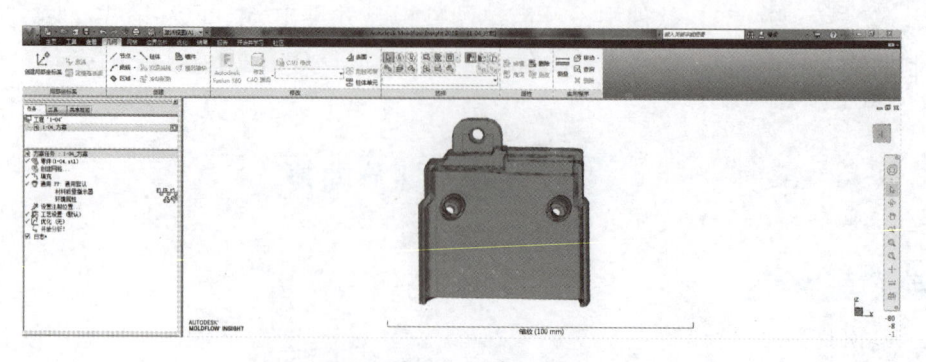

图1-41 导入模型

图1-42 "旋转"选项

2. 划分网格

（1）双击方案任务视窗中的 创建网格 图标，系统弹出"生成网格"定义信息，如图1-43所示，设定网格的平均边长等。

一般情况下，在不确定网格平均边长时，应采用默认边长进行网格划分，单击"预览"按钮可以查看网格的大致情况，同时作为参考，如图1-44所示。

（2）单击"立即划分网格"按钮，系统将自动对模型进行整体网格划分，此时窗口右下角的进度条显示了网格划分进度。划分完毕后，可以看到如图1-45所示的插座底板网格模型。通常可以通过"网格日志"查看网格划分的过程信息。

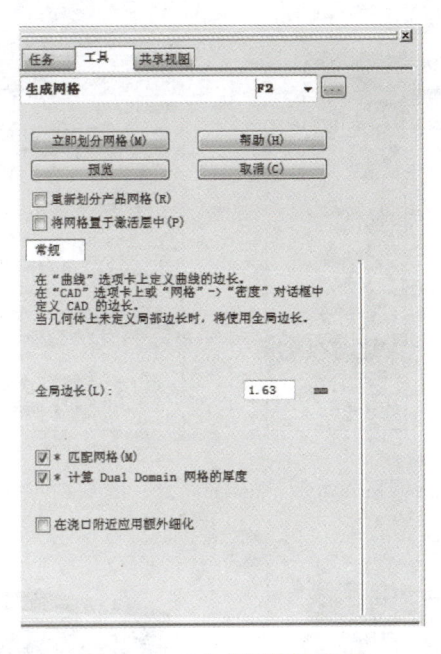

图1-43 "生成网格"选项

图1-44 网格预览

图1-45 网格模型

（3）网格重新划分，首先选取要重新划分的网格区域，再选择"网格"→"网格编辑"→"高级"→"重新划分网格"命令，如图1-46所示，系统弹出"重新划分网格"定义信息，如图1-47所示。

"选择要重新划分网格的实体"栏是提供给用户选择需要的重新划分的区域，选择如图1-48所示的单元，拖动"比例"滑块，向左为粗糙，向右为精细，本例向左拖动滑块，系统自动对所选的网格进行重新划分，结果如图1-49所示。

图 1-46 "重划分网格"命令　　　　图 1-47 "重划分网格"选项

图 1-48 初始网格　　　　图 1-49 重新划分网格

3. 网格统计

　　Moldflow 在网格自动划分完毕后，需要对网格的状态进行统计，诊断当前的网格质量，并在"网格统计"对话框中统计结果，以便于用户针对统计结果对网格进行修补。

　　（1）选择"网格"→"网格统计"命令，系统自动弹出"网格统计"对话框，如图 1-50 所示。

　　从图 1-50 中来看，此双层面（Fusion）模型连通区域为 1，自由边为 3，纵横比为 1.161~33.599，网格的匹配率为 85.6%。对照表面模型的网格标准，需要对自由边进行修复，使其数值为 0，同时网格中的纵横比范围也应适当减小，一般推荐最大值为 6，调整方法将在后面介绍。

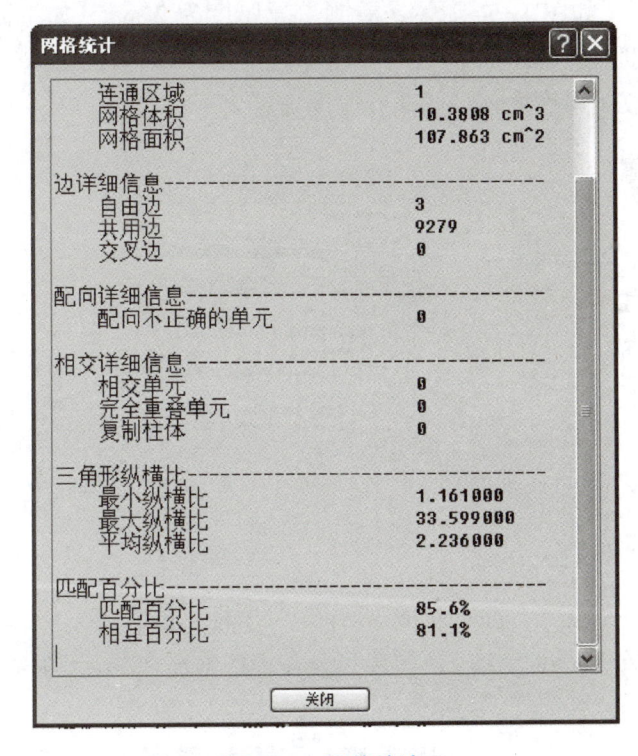

图 1-50　网格统计

划分网格

观看步骤 1~3 的操作视频，请扫描二维码 E1-5。

4. 中性面网格划分

（1）单击"新建工程"，新建工程名为"1-05"，选择"中性面"，将"mm"单位导入"1-05.stl"模型，此时在工程管理视窗的任务中显示了名为"1-05"的工程，导入模型如图 1-51 所示。

（2）双击"生成网格"，以默认参数"全局边长"、7.29 mm 划分中性面网格，结果如图 1-52 所示。

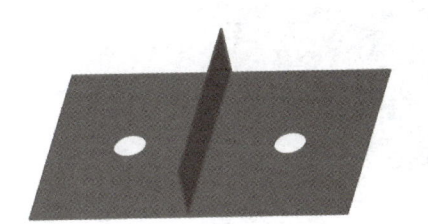

图 1-51　薄板零件　　　　图 1-52　中性面网格模型

5. 中性面网格厚度

（1）单击中性面网格模型上任一三角形单元，此时以淡红色显示选中状态，在该单元单击右键，移动鼠标到"属性"命令位置，如图 1-53 所示。单击进入

项目一　模流分析入门　35

"属性"对话框,如图1-54所示,看到单元厚度为2 mm,如果需要更改厚度,只需要修改厚度值,单击"确定"按钮即可。由于中性面是以零件的中平面来表示的模型,故其厚度由该处的单元厚度确定。

图1-53 单元属性命令

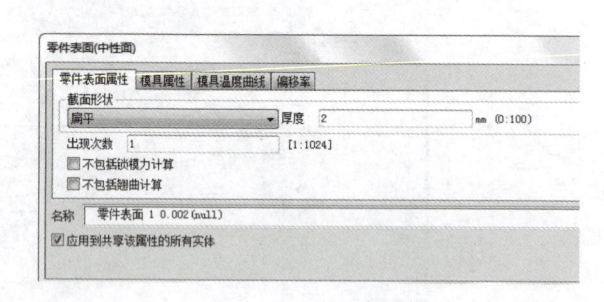

图1-54 单元厚度值

6. 3D实体网格划分

(1)单击"导入",将"实体(3D)""mm"单位导入"1-05.stl"模型,任务栏出现新的"1-05方案_1",导入的薄板模型如图1-55所示。

图1-55 3D实体网格

(2)双击"生成网格",以默认参数"全局边长"、7.29 mm划分3D网格,结果如图1-55所示。按住鼠标左键拖动框选部分单元,单击键盘中的"删除"键,删除选中单元,观察3D网格内部情况,如图1-56所示。可以看到,在默认参数情况下,在厚度方向上划分了10层四面体单元。

图1-56 3D实体网格截面

7. 网格统计

(1)单击"1-05方案",进入中性面网格的方案中,单击选择"网格"→"网格统计"命令,显示的网格统计情况如图1-57所示。

(2) 单击"1-05方案_1",进入实体 3D 网格的方案中,单击选择"网格"→"网格统计"命令,显示的网格统计情况如图 1-58 所示。

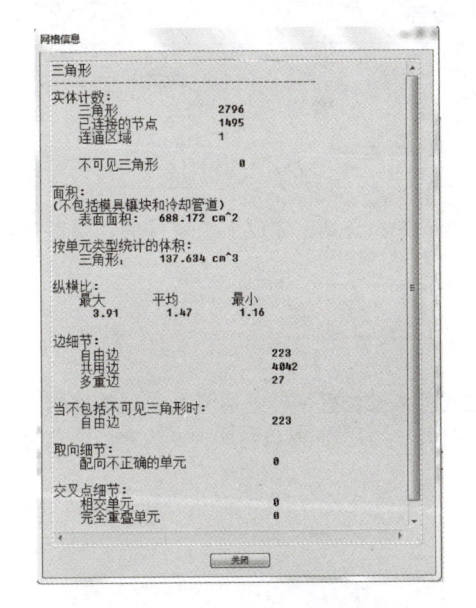

图 1-57 中性面网格统计

图 1-58 实体 3D 网格统计

观看步骤 4~7 的操作视频,请扫描二维码 E1-6。

划分网格

1.3.2 填写"课程任务报告"

课程任务报告

班级		姓名		学号		成绩	
组别		任务名称		分析流程		参考课时	2课时
任务要求		1. 对照任务参考过程、相关视频、知识介绍,完成上盖零件的双层面网格划分。 2. 掌握网格划分选项的设置。 3. 掌握网格划分的要求、基本方法和技巧。						
任务完成过程记录		总结的过程按照任务的要求进行,如果位置不够则加附页(可根据实际情况,适当安排拓展任务供同学分组讨论学习,此时以拓展训练内容的完成过程进行记录)。						

1.3.3 知识学习

1. 网格类型

产品模型导入到 Moldflow 中后,首先需要对模型进行网格划分。网格是 Moldflow 模拟仿真整个过程的基础,质量的好坏直接影响模拟结果精度,甚至会导致求解无法进行。Moldflow 中有三种网格类型,即 Midplane(中性面)、Fusion(双层面)、Solid(3D 面)。三种网格类型各自有其优点和适用的场合,下面做简单的介绍。

1)Midplane(中性面网格)

中性面网格是 Moldflow 最早采用的网格类型,如图 1-59(a)所示。所谓中性面是提取的塑件中间的层,网格由三节点三角形单元组成,每个单元有厚度属性,其优点是网格数量最少、分析速度快、效率高。

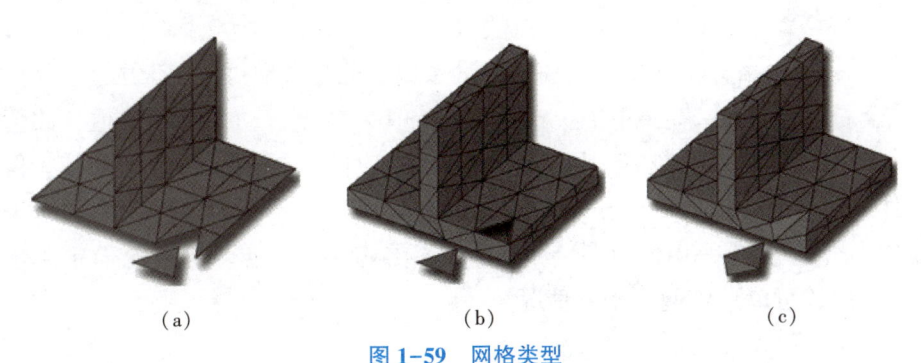

(a)　　　　　　　(b)　　　　　　　(c)

图 1-59　网格类型

(a)中性面;(b)双层面;(c)实体网格

2)Fusion(双层面网格)

双层面网格是进行双层面模型分析基础,是由三节点三角形单元组成的,其原理是将三维几何模型简化为只有上下表面的几何模型,对两个表面进行网格划分,即网格创建在模型的上下表面,形成的双层面网格来代表整个模型的网格,厚度由网格匹配关系计算出来,如图 1-59(b)所示。

双层面网格是目前使用最多的网格类型,网格数量也比较少,分析速度较快。双层面分析技术适用于以下情况:零件整体上是薄壁,几乎没有厚区域。任何局部区域的最小长度和宽度应大于局部厚度的四倍,更保守的评估是大于厚度的十倍,这能确保结果更精确。要运行的分析在整个零件厚度范围内生成结果,例如温度、流动前沿和剪切速率。

3)Solid(3D 面网格,实体网格)

实体网格是三维流动+保压分析的基础,是由四节点的三角形形状的实心四面体单元组成,如图 1-59(c)所示。其原理是三维几何模型,用四面体对模型进行网格划分,来进行正式三维模拟分析,主要用于厚壁塑件和厚度变化比较大的塑件，利用三维模型可以更为精确地进行三维流动分析。其缺点是网格数量多、分析速度慢。

2. 表面网格划分的两种模式

Moldflow 提供了两个命令，一个是"生成网格"，用于生成整体网格；另一个是局部的"重划分网格"，对导入的几何模型先进行网格整体划分，对于曲面或圆弧区域，以及一些小的结构细节处，可在局部上进行手工划分，提高网格质量。

1) 整体网格划分的控制参数

"重新划分产品网格(R)"，选中该复选框将重新划分已经划分好的网格。其典型的使用情况是当窗口中有已划分的网格模型存在时，勾选此复选项后，可以对已划分的网格模型进行整体重新划分网格，初次针对 stl 模型划分网格，此复选框可不用勾选。

"将网格置于激活层中(P)"，将网格放入活动层。勾选此复选框，当网格划分完毕后，所有的网格会自动放入当前的活动层中。此复选框可不用勾选。

"全局边长（L）"：网格边长度。初始值为系统自动推荐的数值，此值越小，划分出来的网格会越密，网格数越多，相应的分析结果也更为准确，但对于大件模型来说，过密的网格划分需要更长的分析计算时间，此值通常可以选所使用的分析模型平均厚度的 1.5～2 倍（参考值），也可视情况而定。单击"预览"按钮可以预览网格密度情况。

2) 局部重划分网格

要访问此对话框，则单击 ("网格"选项卡 > "网格编辑"面板 > "高级" > "重新划分网格")。使用该工具，可以更改某一区域或曲面网格的边长，也可以更改柱体单元的边长。

3. 网格统计的各项指标

实体计数：

（1）三角形：表面三角形单元个数。

（2）已连接的节点：节点个数。

（3）连通区域：连通域个数，是指网格划分完成后，整个模型内独立的连通域个数，个数应该为"1"，否则说明模型存在问题，在创建流道系统的过程中，可能会存在不连通的情况，可以通过网格连通性诊断、检查、修复，如图 1-60 所示。

（4）面积（不包括模具镶块和冷却管道）：模型的表面面积。

（5）按单元类型统计的体积（三角形）：三角形单元所包围的模型的体积。

（6）纵横比：三角形单元纵横比信息。

(a)　　　　(b)

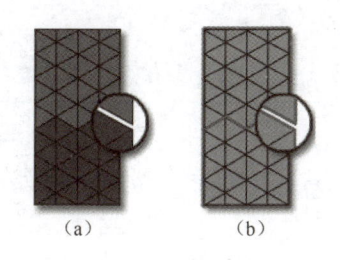

图 1-60　不连通区域

三角形纵横比是指三角形长、高两个方向的极限尺寸之比，如图 1-61 所示。

图 1-61　纵横比

①最小纵横比：统计整个模型中纵横比的最小值。
②最大纵横比：统计整个模型中纵横比的最大值。
③平均纵横比：统计整个模型中纵横比的平均值。

一般在中性面和双层面类型的网格分析中，纵横比的推荐最大值为 6。在三维类型的网格中，推荐的纵横比最大与最小值分别为 50 和 5，平均值应该为 15 左右。

（6）边细节：单元边的信息。

（7）自由边数：网格中自由边的数量。如果在双层面网格或 3D 网格中存在任何自由边，则必须在运行分析之前对其进行修正。中性面网格在模型外侧边处具有自由边。

（8）共用边：网格中共用边的数量。正确连接的单元有共用边。在双层面或 3D 网格中，只有共用边是正确的。

（9）多重边：网格中多重边的数量。任何网格中如果存在多重边，则必须在运行分析之前对其进行修正。

（10）取向细节：配向不正确的单元必须保证为 "0"。

（11）交叉点细节：单元交叉信息

（12）相交单元：相交的单元数，表示不同平面上单元相互交叉的情况，单元相互交叉穿过是不允许的。

（13）完全重叠单元：完全重叠单元数，表示单元重叠的情况。

（14）匹配百分比：单元匹配率仅仅针对表面类型的网格，表示模型上下表面网格单元的相匹配程度。如果单元匹配率太低，则应该重新划分网格。

对于 "充填+保压" 分析，单元匹配率应大于 85% 或更高，低于 50% 是无法计算的。对于 "翘曲" 分析，单元匹配率同样要大于 85%。

项目一　模流分析入门　41

4. 按照制品分类的网格类型（见表1-4）

表1-4　按照制品分类的网格类型

网格类型＼制品类型	中性面 Midplane	双层面 Fusion	3D面 Solid	备注
大型制品（壁厚为2.5~4 mm的汽车保险杠、门板、冰箱门板、柜机空调面板等）	推荐	适用	不适用	推荐使用Midplane。虽然前处理步骤较烦琐，但模型质量高，可保证分析精度，有利于提高后期修改及分析效率
中型制品（壁厚为2~3 mm的冰箱瓶座、小抽屉、洗衣机的盘座、主控板等）	适用	推荐	不适用	推荐使用Fusion。因此类产品的结构相对简单，使用Fusion网格完全能够满足分析需要，并且前处理过程也不太复杂
精密制品（壁厚为1~2 mm的遥控器外壳、计算机外壳、数码产品等）	适用	适用	推荐	推荐使用Fusion。因此类产品的结构相对简单，使用Fusion网格完全能够满足分析需要，并且前处理过程也不太复杂

5. 网格的质量及其基本概念（见表1-5）

表1-5　网格的质量及其基本概念

网格质量项目	双层面网格	中性面网格	3D网格	网格质量基本概念
自由边	0	视产品的结构而定	0	不属于任何单元的曲线段
共用边		N/A		连接2个相邻单元的边
非共用边	0	视产品的结构而定	0	同属3个或3个以上单元的边
单元法矢	法矢朝顶部方向	保持法矢方向一致	由双层面转换而来，在双层面阶段法矢向外	单元具有方向性，单元的正法线方向为顶部（单元的外侧），反向为底部（单元的内侧）

续表

网格质量项目	双层面网格	中性面网格	3D 网格	网格质量基本概念
连通区域	1	1	1	由封闭边界围成的独立单元，具有冷却系统的模型连通区域会大于1
交叉单元	0	0	0	无共用边和共用面的相邻单元
完全重叠单元	0	0	0	完全共面的相邻单元

1.3.4　问题探讨

（1）网格边长值应如何选择？
（2）划分网格时应注意些什么问题？
（3）网格的疏密对分析有什么影响？
（4）如何把"1-05.stl"模型的实体3D网格最大纵横比降到50以下？

1.3.5　任务拓展

对零件模型如图1-62所示灯罩模型进行网格划分，并思考哪种类型网格适合于本零件？为什么？

图1-62　灯罩模型

任务1.4　诊断与修复网格

知识点

◎ 掌握网格诊断的概念，如纵横比、自由边、连通性等。
◎ 网格质量的相关要求。

项目一　模流分析入门　43

技能点

◎网格缺陷诊断工具的使用。
◎网格缺陷常用的修复方法。

素养点

◎通过网格修复工作培养严谨细致、爱岗敬业的工作作风和劳动态度。
◎具备质量意识和成本意识。
◎网格缺陷常用的修复方法。

任务描述

◎通过完成本任务,使读者掌握Moldflow网格的诊断和修复,使分析正常进行并使结果更为准确。

1.4.1 任务实施

当网格划分完毕之后,对划分完的网格进行缺陷诊断是很有必要的。只有诊断出并修复好网格的问题点后,才能使接下来的分析工作得以顺利而准确的进行。

1. 打开工程

(1) 在工具栏上单击"打开工程"图标。选择正确的路径,并选择文件夹"1-06",单击"打开"按钮,并单击"1-06.mpi",工程被打开。双击工程管理视窗中的插座底板,显示出插座底板模型。

(2) 执行"网格"→"网格诊断"命令,进入网格诊断面板,如图1-63所示。

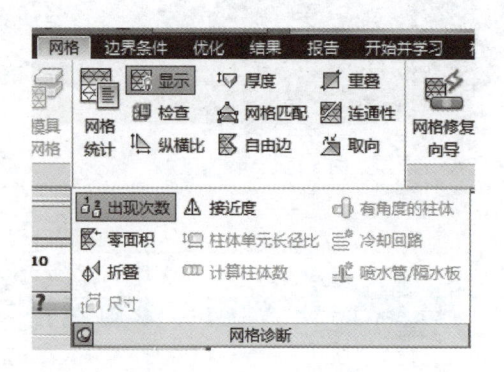

图1-63 网格诊断菜单

2. 网格统计

(1) 执行"网格"→"网格统计"命令,系统弹出"网格统计"对话框,如

图1-64所示，显示当前模型的网格信息。

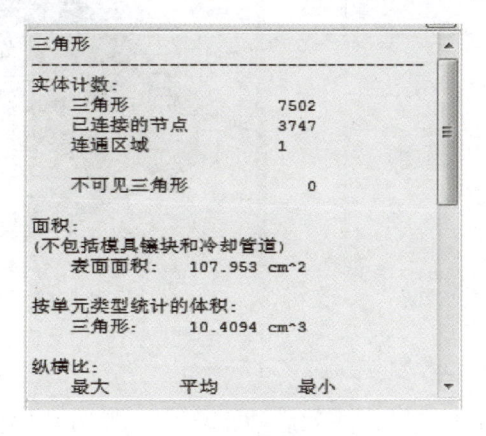

图1-64　网格统计

统计显示：连通区域为1，自由边为3，交叉网格为0，最小纵横比为1.161，最大纵横比为33.599，网格的匹配率为85.6。对于表面模型而言，网格的连通区域为1，自由边和交叉网格为0，纵横比应在20之内。对于翘曲分析的模型，其匹配率需要大于85%。因此，需要对网格的自由边和纵横比进行调整。

3. 纵横比诊断

（1）执行"网格"→"纵横比诊断"命令，弹出"纵横比诊断"对话框，如图1-65所示。修改"最小值"为"6"，单击"显示"，此时纵横比大于6的所有三角形网格均会显示出来，如图1-66所示。

图1-65　纵横比诊断

图1-66　纵横比结果

4. 厚度诊断

（1）执行"网格"→"厚度诊断"命令，弹出"厚度诊断"对话框，如图1-67所示。一般不需要修改最小值与最大值。单击"显示"，此时零件模型的三角形单元上显示该处的零件厚度，如图1-68所示。

项目一　模流分析入门

图 1-67 厚度诊断　　　　　　　图 1-68 厚度结果

5．网格匹配诊断

（1）执行"网格"→"网格匹配诊断"命令，弹出"厚度诊断"对话框，单击"显示"，此时零件模型内外三角形单元的匹配关系显示如图 1-69 所示。

6．自由边诊断

执行"网格"→"自由边诊断"命令，弹出"自由边"对话框，单击"显示"，此时模型中的自由边由红色标出显示，如图 1-70 所示。

图 1-69 网格匹配诊断　　　　　　　图 1-70 自由边诊断

7．重叠单元诊断

执行"网格"→"重叠"命令，弹出"重叠"对话框，单击"显示"，此时模型中的重叠单元以蓝色显示，如图 1-71 所示。

图 1-71 重叠单元诊断

8. 连通性诊断

执行"网格"→"连通性"命令，弹出"连通性"对话框，选择需要从实体（可以选节点或单元）开始连通性检查，单击"显示"，此时模型中的连通单元以蓝色显示，如图 1-72 所示，没有连通的单元会以红色显示。

图 1-72　连通性诊断

9. 取向诊断

执行"网格"→"取向"命令，弹出"取向"对话框，单元取向分为"+"和"-"两个方向，垂直并远离材料的方向为"+"，模型的内外表面都应该显示为"+"。单击"显示"，此时模型中的单元取向以蓝色或红色显示，连通单元以蓝色显示，如图 1-73 所示，没有连通的单元会以红色显示。

划分网格

10. 出现次数诊断

执行"网格"—"出现次数"命令，弹出"出现"对话框，单击"显示"，此时模型中的单元取向以颜色显示出单元的出现次数，如图 1-74 所示。当用一个模型分析一模多腔时，出现次数会大于 1。

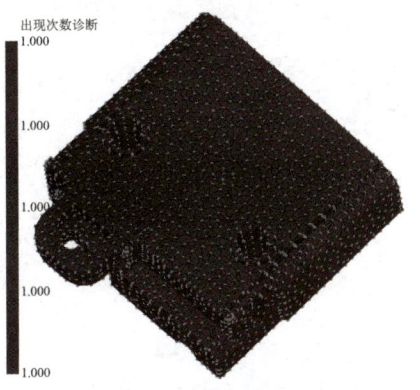

图 1-73　取向诊断　　　　图 1-74　出现次数诊断

观看步骤 1~10 的操作视频，请扫描二维码 E1-7。

项目一　模流分析入门　47

11. 修复纵横比

如果纵横比太大，则会影响到分析结果的准确性，一般最大值不要超过20，推荐值为6~8，如果此值过大，则需要用重新划分网格来改善。修复时可以选择网格编辑工具中的"合并节点""交换公用边""插入节点""重划分网格""平滑节点""移动节点"等工具进行修复。

（1）单击"插入节点"，出现"插入节点"对话框，对于三角形单元，有两种方式可以选择：一是通过鼠标左键选择最长边上的两个节点，选择"应用"，在该边插入一个中间节点；二是通过选择一个三角形单元，在三角形单元中心插入一个节点。如图1-75所示，插入节点后的效果如图1-76所示，可以连续在处理后的纵横比较大单元的长边上继续插入节点。

图1-75 "插入节点"对话框 图1-76 插入节点

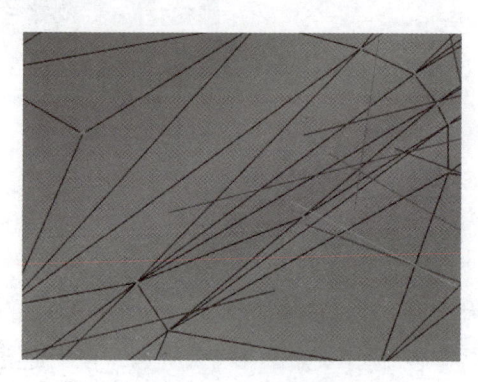

（2）单击"合并节点"，出现"合并节点"对话框，如图1-77所示，第一个节点（屏幕中的黄色框代表当前操作位置）是选择要合并到的节点，即需要保留的节点；第二个节点选择需要被合并掉的节点。在插入节点合理的情况下，通过合并节点可以完全处理纵横比问题。该区域处理完成的结果如图1-78所示。

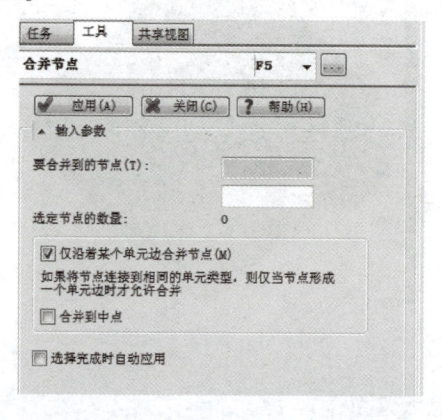

图1-77 "合并节点"对话框 图1-78 合并节点之后的网格

其他修复纵横比的命令将通过视频介绍。

观看步骤11的操作视频，请扫描二维码E1-8。

12. 修复厚度

对双层面网格进行厚度诊断及修复操作，以演示网格修复的操作及网格厚度修复方法。步骤如下：

（1）选择要更改厚度的单元。

（2）右键单击所选实体，然后从弹出菜单中选择"属性..."，将显示"零件表面（双层面）"对话框。

（3）选择"零件表面属性"选项卡。

（4）在"厚度"下拉列表中选择"指定"，输入所需厚度值，然后单击"确定"。

划分网格

13. 修复自由边

在自由边诊断结果中，如果自由边数目不为0，则需要对自由边进行修复。自由边的修复可以通过"创建三角形""填充孔""合并节点"等命令实现。

方法一：执行"网格"—"创建三角形单元"命令，出现如图1-79所示的对话框。注意该命令隐藏在"网格"工具集下，需要单击 网格▼ 里面的倒三角才会出现。分别用鼠标左键选择要创建三角形单元的三个节点，屏幕中的黄色框表示当前框，当选择第一节点后，屏幕中的黄色框自动跳到第二个节点。创建的结果如图1-80所示。

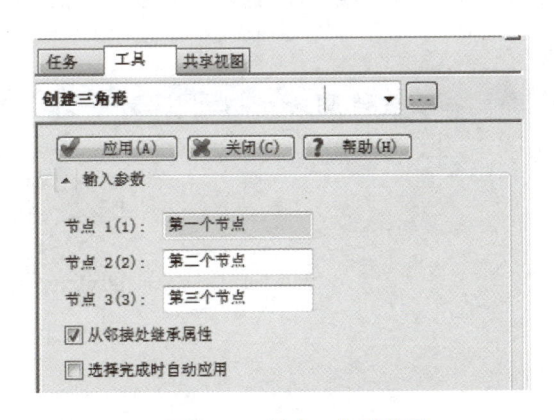

图1-79 创建三角形单元　　图1-80 三角形单元创建结果

方法二：执行"网格"—"网格编辑"—"高级"—"填充孔"命令，出现如图1-81所示对话框。注意该命令隐藏在"高级"工具集下，需要单击"高级"工具集的倒三角才会出现。按住键盘"Ctrl"键，按顺时针或逆时针方向选择孔的相关节点，不能有遗漏，如图1-82所示。单击"应用"按钮，完成补孔操作。

项目一　模流分析入门　49

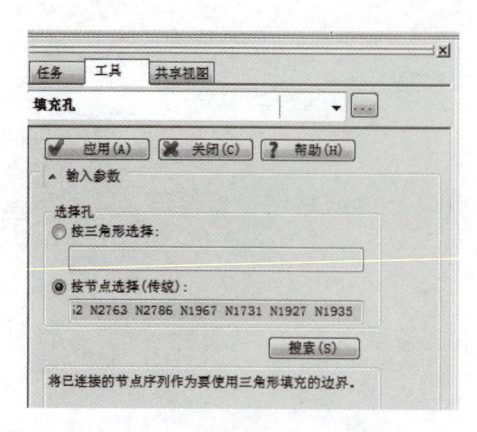

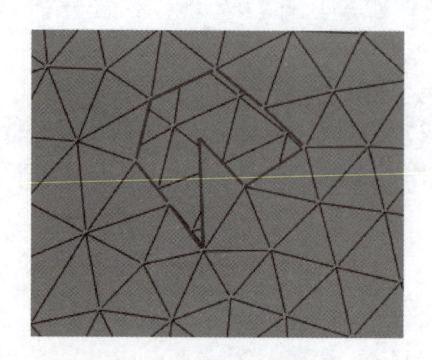

图 1-81 "填充孔"对话框　　　　图 1-82 填充孔节点选择

14. 修复重叠单元

在重叠单元诊断结果中，如果重叠单元不为 0，则需要对重叠单元进行修复。通常可以通过"删除实体""合并节点""创建三角形单元"等命令实现。

（1）单击重叠单元诊断中蓝色的单元，在键盘上单击"delete"命令直接删除，或者通过"网格"—"网格编辑"—"删除实体"命令删除。

15. 修复取向

在重叠单元被删除后，进行取向诊断，部分单元显示红色，发生取向错误，如果不进行修复，则计算不能进行下去。

（2）执行"网格"—"网格编辑"—"全部取向"命令，即可完成取向错误修复。

观看步骤 12~15 的操作视频，请扫描二维码 E1-9。

划分网格

1.4.2 填写"课程任务报告"

课程任务报告

班级		姓名		学号		成绩	
组别		任务名称		诊断与修复网格		参考课时	2课时
任务要求		1. 对照任务参考过程、相关视频、知识介绍，完成上盖零件的网格诊断与修复。 2. 掌握网格诊断与修复工具。 3. 尝试修复一个网格模型。						
任务完成过程记录		总结的过程按照任务的要求进行，如果位置不够，则加附页（可根据实际情况，适当安排拓展任务供同学分组讨论学习，此时以拓展训练内容的完成过程进行记录）。						

项目一　模流分析入门　51

1.4.3 知识学习

1.4.3.1 网格诊断工具

诊断工具可显示出有关网格统计报告中所列问题的更多详细信息。"网格诊断"面板("网格"选项卡 > "网格诊断"面板)包含表1-6所示的用来检查网格的诊断工具。

表1-6 诊断工具

面板项	功能	网格类型
纵横比诊断	找出纵横比超过指定限值的单元	中性面、表面
柱体单元长径比诊断	找出过短或过长的冷却管道单元	中性面、表面、实体
重叠单元诊断	找出重叠或交叉(占用相同空间)的单元	中性面、表面
取向诊断	找出顶部/底部边定义不一致的单元	中性面、表面
连通性诊断	找出未与网格其余部分相连接的单元	中性面、表面、实体
自由边诊断	找出未共享的单元边,其可能表示网格中存在空隙或孔洞	中性面、表面
折叠面诊断	找出平面的相对面共用一个节点(厚度为零)的位置	中性面、表面
尺寸诊断	查看模型尺寸值	实体
厚度诊断	检查网格中的厚度值设置是否正确	中性面、表面
出现次数诊断	检查网格中的出现次数设置是否正确	中性面、表面、实体
零面积单元诊断	找出面积非常小的单元	中性面、表面、实体
双层面网格匹配诊断	检查双层面网格中两侧单元之间的对应关系是否良好	表面
柱体单元数诊断	找出未使用足够单元划分网格的冷却管道	中性面、表面、实体
有角度的柱体诊断	找出过于接近的柱体单元	中性面、表面、实体
质心太近诊断	找出过于接近的三角形单元	中性面、表面、实体
冷却回路诊断	确保每个冷却回路只包含一个入口和出口	中性面、表面、实体
喷水管/隔水板诊断	检查对喷水管和隔水板进行的建模是否正确	中性面、表面、实体
纵横比诊断	找出纵横比超过指定限值的单元	中性面、表面
柱体单元长径比诊断	找出过短或过长的冷却管道单元	中性面、表面、实体
重叠单元诊断	找出重叠或交叉(占用相同空间)的单元	中性面、表面

1.4.3.2 网格修复工具

网格修复工具见表1-7。

表1-7 网格修复工具

修复工具	功能	网格类型
插入节点	通过在三角形某条边的中点插入新节点或者在三角形或四面体的中心插入新节点，将现有三角形或四面体单元拆分为更小的单元	中性面、表面、实体
匹配节点	将节点从双层面网格的一个表面投影到该网格另一表面上的所选三角形，以便在手动修复网格后重建良好的网格匹配	表面、实体
合并节点	将一个或多个节点合并为单个节点，它仅对指定的节点起作用	中性面、表面、实体
整体合并	搜索整个网格并合并相互间距在指定范围内的所有节点，此距离称为合并公差。 注：整体合并会自动"压缩"节点标签，确保按顺序标记节点，节点之间没有间隙。如果从第三方软件包输入模型，并注意到节点标签值超出节点数，则可使用"整体合并"压缩标签，从而节省计算内存和时间	中性面、表面、实体
移动节点	将一个或多个节点移动到绝对位置，或者按相对偏移方式移动一个或多个节点	中性面、表面、实体
清除节点	删除所有未连接到单元的节点	
平滑节点	创建大小相似的单元边长度，从而形成更加均匀的网格	表面、实体
缝合自由边	将满足以下条件的节点合并到一起：相互间距在指定范围内，可形成具有相似节点对的自由（未连接）边。节点之间的距离即为公差。接受默认公差 0.1 mm 或指定其他公差	中性面、表面
交换边	交换两个相邻网格单元的边。"交换边"命令适用于三角形单元，无法用于四面体网格	中性面、表面
网格修复向导	进入该向导的各页面时，将相应地扫描模型中的缺陷，用户可确定下一步执行的修复操作	中性面、表面、实体
自动修复	可根据软件默认设置自动修复网格问题	中性面、表面
全部取向	手动调整单个单元或区域的单元取向	中性面、表面
单元取向	手动调整单个单元或区域的单元取向	中性面、表面
重划分四面体网格	整体或者有选择性地更改模型中部分四面体（3D）单元的密度	实体
投影网格	网格诊断屏幕所发现的网格缺陷进行修复	中性面、表面

续表

修复工具	功能	网格类型
删除实体	删除单元、节点以及点、线、面等实体	
修改纵横比	使单元的纵横比减少至目标值	中性面、表面
偏移	更改周围的区域，以平滑两个表面之间的过渡	中性面、表面
拉伸	将所选的三角形移动到新位置	中性面、表面
平面剪切	将对称零件剪切成两半，仅适用于可见表面网格	中性面、表面
填充孔	通过三角形单元为网格中的孔和间隙内部划分网格	中性面、表面
重划分网格	整体或者有选择性地以新的网格边长重划分网格	中性面、表面
盖印	将一个曲面上的节点和三角形与相对曲面上的节点和三角形匹配	中性面、表面

1.4.4　问题探讨

（1）如何诊断网格缺陷？
（2）网格缺陷各自的常用修复方法有哪些？
（3）什么是纵横比？其最大值不应超过多少？
（4）常用的网格修复工具有哪些？
（5）网格修复工具各有什么作用？

1.4.5　任务拓展

对如图 1-83 所示双层面网格模型完成网格诊断与修复。

图 1-83　双层面网格模型

网格诊断与修复任务拓展

观看任务拓展操作视频，请扫码 E1-10。

项目二 基本类型的模流分析

项目描述

主要学习几何建模、浇注系统创建、充填分析、工艺参数设置、保压分析、冷却系统与翘曲分析等设计与分析模块。

任务 2.1 几何建模

知识点

◎掌握节点和曲线创建命令的使用方法。
◎掌握针对节点、单元及模型的复制等相关命令的使用方法。

技能点

◎熟练操作节点、曲线创建工具完成相关任务。
◎熟练掌握移动、复制、旋转、镜像等工具的使用。
◎熟练掌握模具嵌入块的创建及模具型腔复制向导、浇注系统向导和冷却系统向导的使用。

素养点

◎通过几何建模工作培养严谨细致、爱岗敬业的工作作风和劳动态度。
◎通过对建模方法的学习,培养产品设计的逻辑思维。
◎掌握网格缺陷常用的修复方法。

任务描述

◎本任务介绍了 Moldflow 的基础建模命令,通过操作实例掌握节点、曲线以及移动、复制、旋转、模具嵌入块等工具的使用方法及操作技巧。

2.1.1 任务实施

1. 新建工程与新建一个空方案

（1）单击"新建工程"按钮，输入"2-01"工程名称，建立工程"2-01"。

（2）右键单击工程面板中工程"2-01"，在弹出的右键菜单中单击"新建方案"建立一个空方案，如图 2-1 所示。

2. 创建 CAD 模型

（1）执行"几何"→"节点"→"按坐标定义节点"命令，如图 2-2 所示，在"工具"页面显示"按坐标定义节点"信息，如图 2-3 所示。

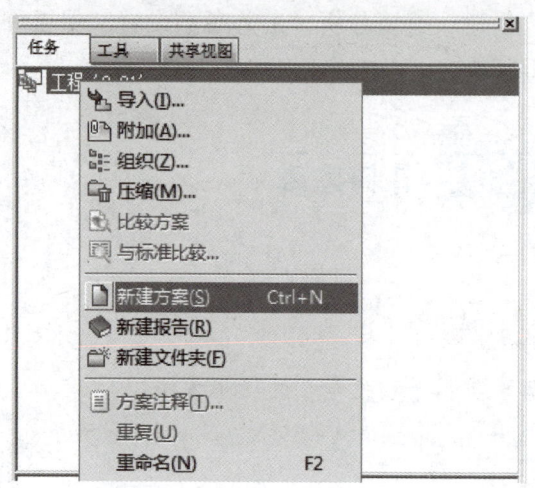

图 2-1　新建一个空方案

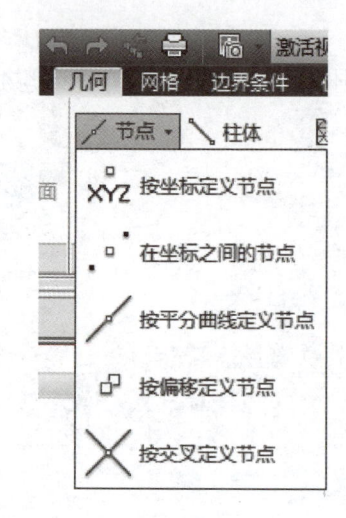

图 2-2　按坐标定义节点

（2）在图 2-3 中分别输入（20，40，0），单击"应用"或回车，输入第一个节点。按上述方法再输入（-20，40，0），（20，-40，0），（-20，-40，0），（0，80，0），（0，-80，0），（10，25，0），（-10，25，0），（10，-25，0），（-10，-25，0）9 个节点，如图 2-4 所示。

（3）创建圆弧。执行"几何"→"曲线"→"按点定义圆弧"命令，在"工具"页面显示"按点定义圆弧"信息，如图 2-5 所示，分别选择上面三个节点，再单击"应用"按钮，生成第一段圆弧 $C1$。同理选择下面三个节点再单击"应用"按钮，生成第二段圆弧 $C2$，如图 2-6 所示。

（4）创建直线。执行"几何"→"曲线"→"创建直线"命令，在"工具"页面显示"创建直线"信息，如图 2-7 所示，分别选择左边两个节点，再单击"应用"按钮，生成线段 $C3$。同理选择右边两个节点再单击"应用"按钮，生成线段 $C4$，如图 2-8 所示。

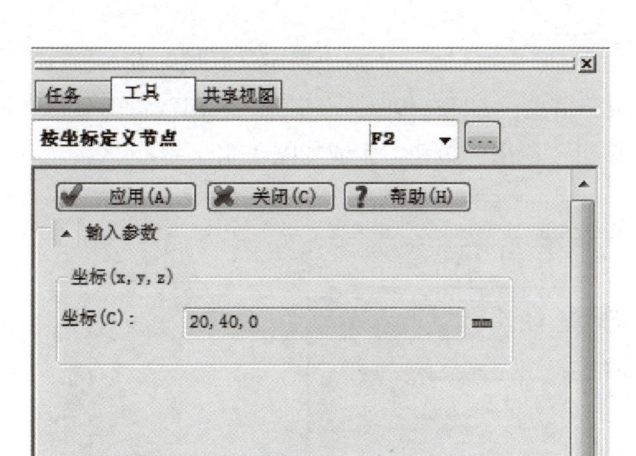

图 2-3　按坐标定义节点 　　　　　图 2-4　按坐标定义 10 个节点

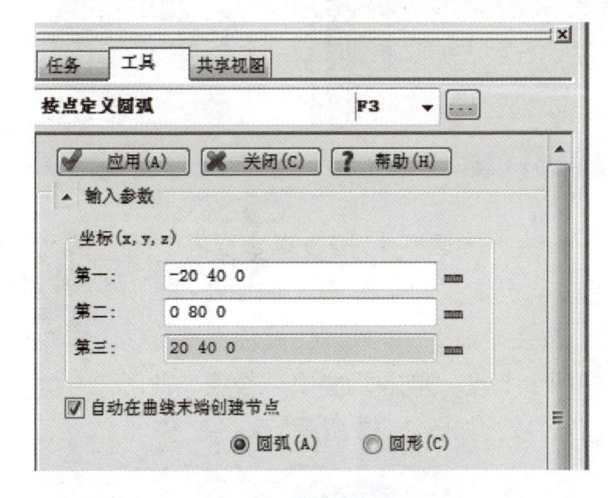

图 2-5　按点定义圆弧 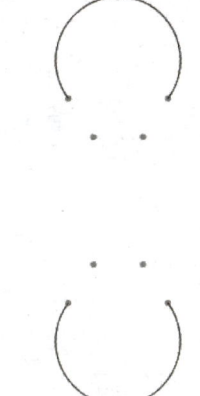　　　　　　图 2-6　生成两段圆弧

图 2-7　创建直线 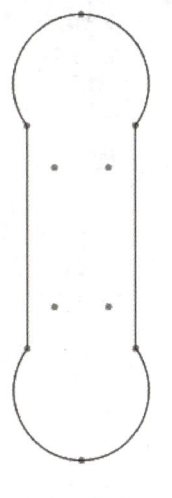　　　　　　　　图 2-8　线框模型

(5) 创建曲面。执行"几何"→"区域"→"按边界定义区域"命令，在"工具"页面显示"按边界定义区域"信息，如图 2-9 所示，按住"Ctrl"键，分别选择图 2-8 中的四条线段或圆弧，单击"应用"按钮，生成如图 2-10 所示的区域。

图 2-9　按边界定义区域　　　　图 2-10　区域创建

(6) 创建孔。执行"几何"→"区域"→"按节点定义孔"命令，在"工具"页面显示"按节点定义孔"信息，如图 2-11 所示，单击上一步创建的区域，按住"Ctrl"键或按住鼠标左键拖动框选，选择图 2-10 中内部的四个节点，单击"应用"按钮，此时即挖走了四个点围成的四边形区域，如图 2-12 所示。

几何建模

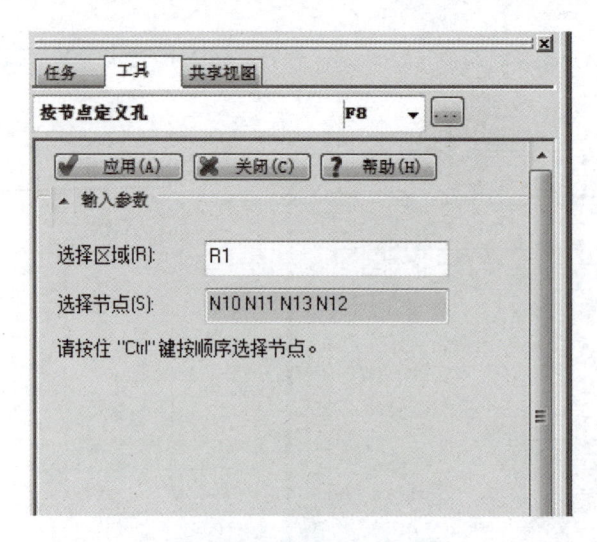

图 2-11　按节点定义孔　　　　图 2-12　CAD 模型

观看步骤 1、2 的操作视频，请扫描二维码 E2-1。

58　▎注塑成型仿真分析技术

3. 设定产品模型锁模力方向

(1) 打开模型文件 2-02.mpi，文件在项目二的"2-02"目录下。其原始模型如图 2-13 所示，发现产品的开模方向在 Y 方向上，需要把开模方向调整到 Z 方向，调整后如图 2-14 所示。

图 2-13　原始网格模型　　　　　图 2-14　旋转后网格模型

(2) 执行"几何"→"移动"→"旋转"命令，弹出如图 2-15 所示对话框。此时"选择"栏中显示为黄色，按住鼠标左键不放，框选原始模型，此时产品模型的编号会自动进入到"选择"对话框中，在"轴（X）"栏中选择"X 轴"，"角度"栏输入"90"，"参考点"使用默认值"0.0　0.0　0.0"，如图 2-16 所示，单击"应用"按钮，完成旋转后的模型如图 2-14 所示。

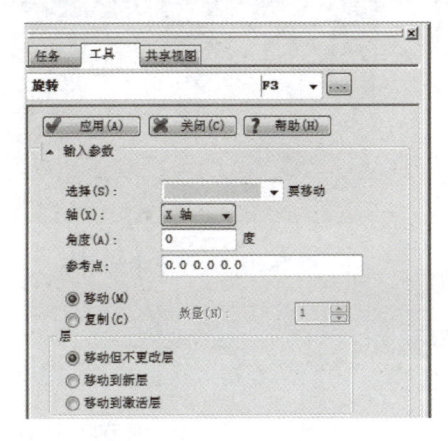

图 2-15　"旋转"对话框　　　　　图 2-16　输入旋转参数

4. 创建模具嵌入块（双层面）

本例在上述模型上创建一个高为 25 mm 的金属嵌块，原始模型如图 2-17 所示，创建结果如图 2-18 所示。

图 2-17　原始网格模型　　　　　图 2-18　嵌入块创建结果

项目二　基本类型的模流分析　59

(1) 执行"几何"→"创建"→"镶块",在"工具"页面显示"创建模具镶件"信息,如图 2-19 所示。

(2) 选取原始网格模型凹槽内的三角形网格,被选取的三角形单元显示为红色,如图 2-20 所示。

(3) 如图 2-19 所示,在"方向(D)"下拉菜单选择"Z 轴"选项,即垂直于产品的方向。

(4) 在"到指定距离"文本框中输入 25 mm,指定的距离即为嵌入块的高度。单击"应用"按钮完成创建,结果如图 2-18 所示。

注意:因为本列需要创建一个金属材质的嵌入块,系统默认的嵌入块的属性为金属材质,所以在此不用修改。但是如果是创建一个塑料材质的嵌入块,则应该选中刚刚创建的嵌入块所有的三角形单元,然后右击,在弹出的快捷菜单中选择"属性"命令,在弹出的对话框中将嵌入块的属性改成"塑料"即可。

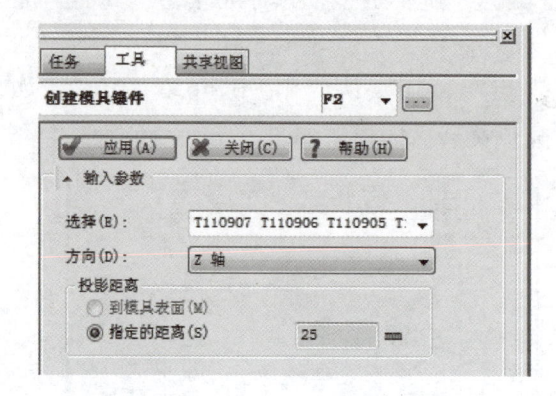

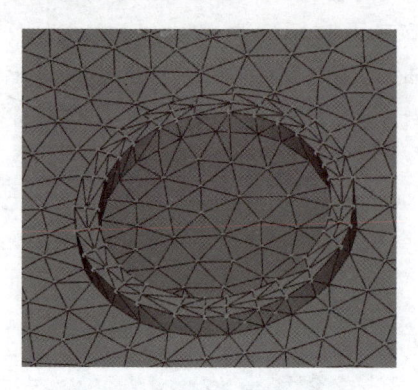

图 2-19 创建模具镶件　　　　图 2-20 选取三角形网格

观看步骤 3、4 的操作视频,请扫描二维码 E2-2。

几何建模

60　注塑成型仿真分析技术

2.1.2 填写"课程任务报告"

课程任务报告

班级		姓名		学号		成绩	
组别		任务名称		几何建模		参考课时	2课时
任务要求		1. 创建节点，创建直线和曲线，创建区域。 2. 旋转、复制、镜像等命令使用。 3. 创建模具嵌块。 4. 型腔复制向导、浇注系统向导和冷却系统向导的使用。					
任务完成过程记录		总结的过程按照任务的要求进行，如果位置不够则加附页（可根据实际情况，适当安排拓展任务供同学分组讨论学习，此时以拓展训练内容的完成过程进行记录）。						

项目二　基本类型的模流分析　　61

2.1.3 知识学习

1. 对象编号的含义

在每个对象编号的前面会有字母作为前缀,比如节点的前缀是字母 N,N 是区节点的英文字母 Node 的第一个字母;三角形单元的前缀字母为 T,是取三角形的英文单词 Triangle 的第一个字母;曲线的前缀是 C,等等。T20 代表的是网格模型中第 20 个三角形单元、N92 代表的是网格模型中第 72 个节点、C1 代表第一条曲线等,这些三角形单元和节点的编号均为软件自动编号。

2. 产品模型锁模力方向

导入产品模型或者划分网格后,产品模型的锁模力方向(注意:锁模力方向与朝向注塑机喷嘴的开模方向一致,通常情况下,它垂直于模腔产品的投影面)需要与窗口中坐标系的 Z 轴正方向保持一致,从而保证锁模力计算的准确性。因此,每次导入产品模型或检查网格后,均应检查产品模型的锁模力方向是否一致。如果不一致,则可以使用"移动"工具中的"旋转"命令使两者保持正确的位置关系。

3. 型腔复制向导

多型腔复制向导可以用来迅速创建多个型腔,但对于复杂的型腔布局,此向导有一定的局限性,通常需要用手动方式来创建。

执行"几何"→"型腔重复"命令,会弹出"型腔重复向导"对话框,如图 2-21 所示。

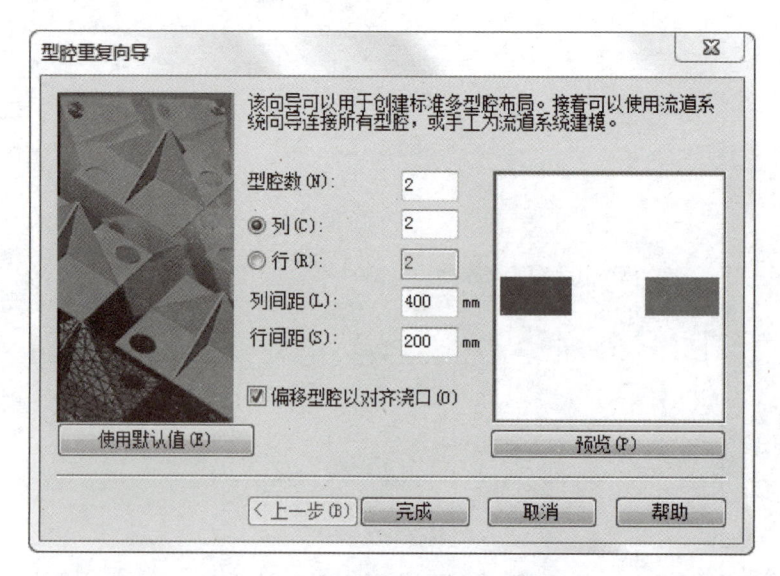

图 2-21 "型腔重复向导"对话框

4. 流道系统向导

流道系统向导可以用来迅速设置流道和浇口流道等流道系统，但对于复杂的流道系统，此向导有一定的局限性，通常需要用创建节点、创建曲线和移动/复制等命令来手动创建（详见下一部分内容）。

在使用流道系统向导前，在网格模型上需要先设置一个浇口位置。在浇口位置设置好以后，执行"几何"→"流道系统"命令，弹出"布局"对话框。侧浇口和点浇口的设置页面有所不同，分别如图2-22和图2-23所示，其各有3个设置页面，可以单击"下一步"进行切换，用户填写相关选项即可确定流道系统相关参数。

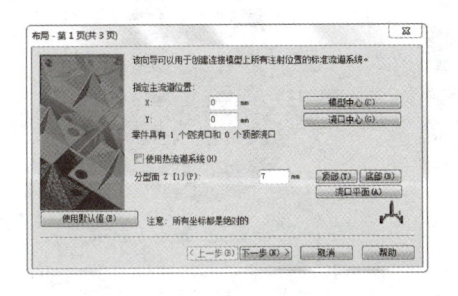

图2-22 侧浇口流道系统设置 　　　　图2-23 点浇口流道系统设置

5. 冷却系统向导

冷却系统向导可以用来迅速创建冷却系统，复杂的冷却流道系统需要用创建节点、创建曲线和移动/复制等命令来手动创建。

执行"几何"→"冷却系统"命令，弹出"冷却系统向导"对话框，共2个创建页面，如图2-24和图2-25所示，可以通过"下一步"进行切换，用户填写相关选项即可确定冷却系统的相关参数。

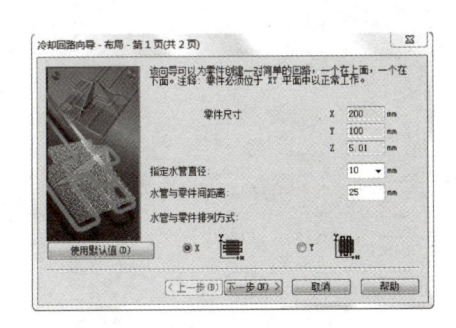

图2-24 冷却系统向导设置1 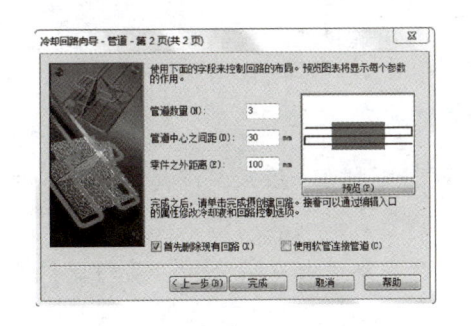　　　　图2-25 冷却系统向导设置2

2.1.4 问题探讨

（1）如何创建圆弧曲线？

（2）什么是产品模型的锁模力方向？

项目二　基本类型的模流分析　63

2.1.5 任务拓展

为本部分创建的模型"2-01.mpi"完成型腔重复（侧浇口做一模两腔，点浇口做一模一腔）及自动创建流道系统和冷却系统，结果如图2-26（侧浇口）和图2-27（点浇口）所示。

图2-26 流道系统（侧浇口）　　图2-27 流道系统（点浇口）

观看本拓展的操作视频，请扫描二维码E2-3。

任务2.2　浇注系统创建与充填分析

任务拓展

知识点

◎掌握浇注系统手动创建方法。
◎掌握充填分析流程设置方法。
◎理解材料参数的意义。

技能点

◎能手动熟练完成线创建与柱体网格划分。
◎能自动创建流道系统。
◎熟练进行充填分析设置与材料设置。

素养点

◎通过对塑料性能指标的掌握，并结合生活观察对比，培养抽象思维能力。
◎通过对充填分析的学习，培养严谨细致及系统思考的能力。
◎通过对建模方法的学习，培养产品设计的逻辑思维。
◎掌握网格缺陷常用的修复方法。

任务描述

根据实际情况做出符合要求的对策，其中浇注系统的类型与应用，充填分析过程设置，材料参数及材料的选择，设置与计算均应该合理、正确。

2.2.1 任务实施

1. 打开工程

打开工程"2-03.mpi"，显示遥控器面盖模型如图2-28所示，方案任务菜单如图2-29所示。本例需要完成方案任务中的相关设置。

图2-28 遥控器面盖模型　　　图2-29 方案任务

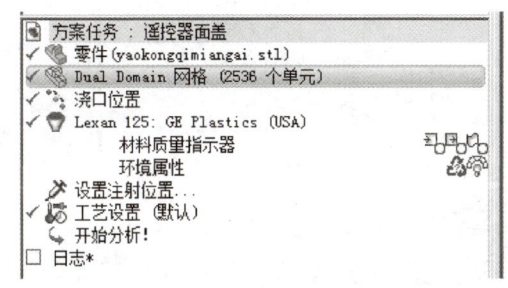

2. 型腔复制

在本例中，采用手工方式创建一模两腔。

（1）执行"几何"→"移动"→"平移"命令，进入平移"工具"页面，如图2-28所示。

（2）在"选择（S）"方框显示为黄色的情况下，表示当前正在处理该对话框，如果不是黄色，则可以在该方框单击鼠标左键使其变为黄色，如图2-30所示。在"几何"→"选择"方框中输入"N2027"，按回车键，选择N2027号节点，如图2-31所示。

图2-30 "平移"对话框　　　图2-31 选择节点

项目二　基本类型的模流分析　　65

(3) 此时"平移"对话框的"选择"栏中显示 N2027 字样,表示需要平移 N2027 节点,在"矢量"方框中输入(22.5 0 0)坐标或(22.5, 0, 0),x、y、z 坐标之间可以由空格或","隔开。勾选"复制"选项,把"移动"方式改为"复制"方式,"数量"为"1",设置完成的"平移"对话框如图 2-32 所示。单击"应用"按钮,完成节点复制,该命令把节点 N2027 向 X 轴正向复制了一个点,作为模具中心点,如图 2-33 所示。

图 2-32　平移 1

图 2-33　复制节点结果

(4) 用"镜像"方式复制模型。执行"几何"→"移动"→"镜像"命令,"工具"页面显示"镜像"定义信息,如图 2-34 所示。在"选择"栏框选整个模型(所有节点和单元),镜像平面选择 YZ 平面,参考点选择上面复制的模具中心点,采用"复制"方式进行镜像。单击"应用"按钮,模型被镜像,一模两腔创建完毕,如图 2-35 所示。

浇注系统创建与充填分析

图 2-34　镜像

图 2-35　模型镜像结果

观看步骤 1、2 操作视频,请扫描二维码 E2-4。

3. 创建浇注系统

1）手动创建浇注系统

（1）创建节点：执行"几何"→"移动"→"平移"命令，在"选择（S）"栏中选择模具中心点，在"矢量"方框中输入（-20.5 0 0）坐标，"数量"为"1"，设置完成的"平移"对话框如图2-36所示，单击"应用"按钮完成节点复制。针对模具中心点，采用相同的操作以坐标（20.5 0 0）复制出另一个节点 D，以坐标（0 0 60）复制出主流道节点 B。如图2-37所示。

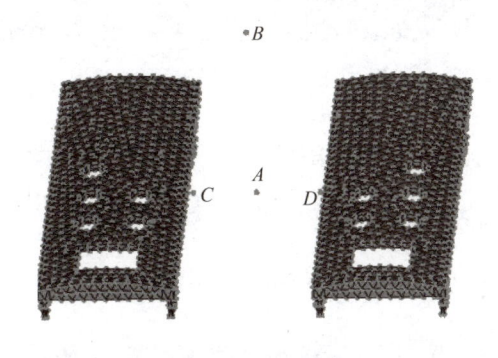

图2-36 平移2

图2-37 创建流道节点

（2）创建直线：执行"几何"→"曲线"→"创建直线"命令，分别以"建模实体"创建 BA、AC、AD 三条直线，如图2-38所示。选择 C 点为第一点，N2027 为第二点，创建左边浇口直线；以 D 点为第一点，对应右边模型上的点为第二点创建右边浇口曲线，如图2-39所示，单击"关闭"按钮退出命令状态。注意：创建任何一条直线时，第一点与第二点的顺序要遵循料流的方向进行选择，这几条直线的创建不分先后。

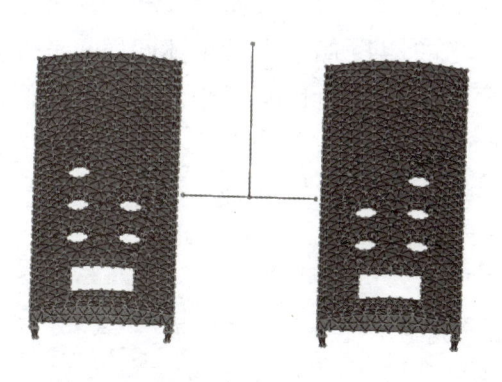

图2-38 创建流道直线

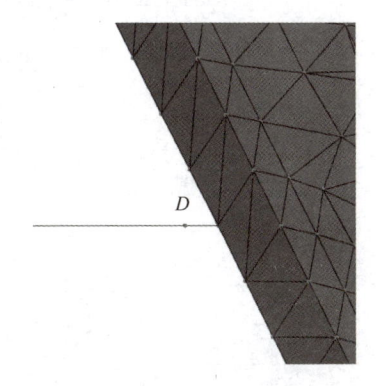

图2-39 创建浇口直线

（3）赋予直线属性：在模型窗格中选择主流道直线，单击右键，如图2-40所示，在右键菜单选取"属性"选项，弹出图2-41所示对话框，提示是否指定一个新属性，选"是（Y）"，进入"指定属性"窗口。

项目二　基本类型的模流分析　67

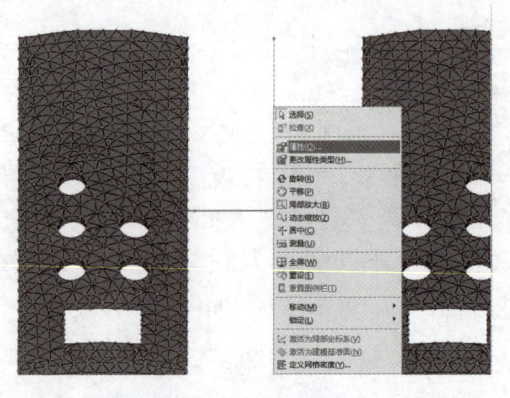

图 2-40　为直线赋予属性　　　　　　　　　图 2-41　提示信息

(4) 在"指定属性"窗口选择"新建"→"冷主流道",如图 2-42 所示。"冷主流道"中"形状"选择"锥体(由角度)",单击"编辑尺寸","始端直径"设置为"3.5"mm,"锥体角度"设置为"1.5"度,如图 2-43 所示。连续单击"确定"按钮完成冷主流道属性设置,则该直线由紫色变为绿色。

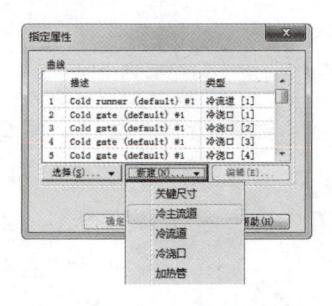

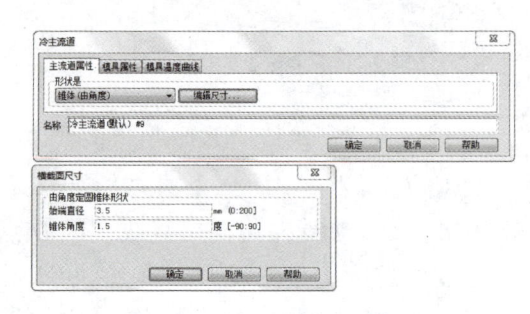

图 2-42　新建冷主流道　　　　　　　　　图 2-43　设置冷主流道参数

(5) 按照上述同样的步骤设置两条分流道属性,选择"冷流道"属性,形状选择"圆形",设置尺寸为 6 mm,如图 2-44 所示。按照上述同样的步骤设置两个冷浇口属性,"截面形状"选择"矩形","形状"选"锥体(由端部尺寸)",设置"起始宽度"为"2"mm,"始段高度"为"1"mm,"末端宽度"为"2"mm,"末端高度"为"1"mm,如图 2-45 所示。

图 2-44　冷流道尺寸　　　　　　　　　　图 2-45　冷浇口尺寸

(6) 划分网格:执行"主页"→"网格"→"生成网格"命令,进入生成网格对话框,采用默认参数立即划分网格,如图 2-46 所示,生成的流道系统网格如

图 2-47 所示,确认浇口网格划分为 3 段。如果没有划分为 3 段,则选中浇口柱体网格,执行"网格"→"网格编辑"→"高级"→"重划分网格"命令,进入"重划分网格"对话框,设置网格全局变为 0.7 mm,把浇口网格划分为 3 段。

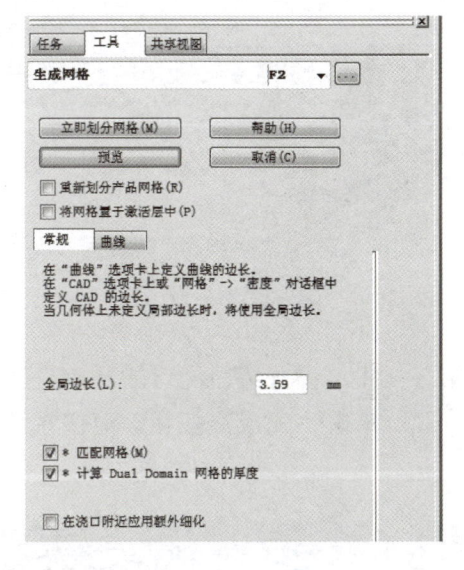

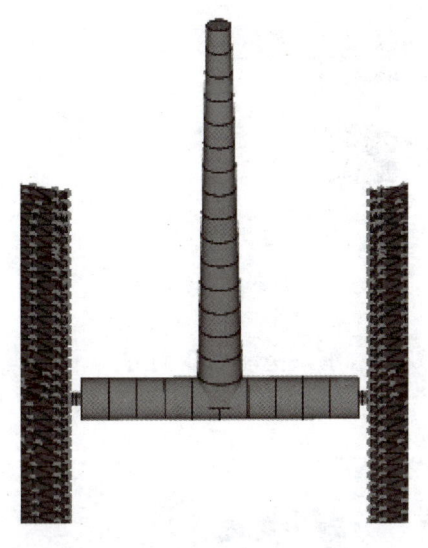

图 2-46 生成网格　　　　图 2-47 生成的柱体网格

2) 自动创建流道系统

(1) 复制一个方案,删除手动创建的流道系统,回到一模两腔模型状态。

(2) 采用向导创建浇注系统时,先指定浇口位置,再根据向导中的提示信息填写相关参数。双击方案任务视窗中的 设置注射位置 图标,单击 N33 节点以及 N37 节点,浇口设置完毕,如图 2-48 所示。

(3) 执行"几何"→"流道系统"命令,系统弹出"布局"对话框,如图 2-49 所示。在该页面中别单击"浇口中心"和"浇口平面"按钮,使主流道设计参照浇口中心来设计。注意:不选中"使用热浇道系统"复选框,本例为冷流道设计。单击"下一步"按钮,进入"浇注系统向导"对话框的第 2 页,如图 2-50 所示。

图 2-48 设置两个进浇点　　　　图 2-49 布局-1

项目二　基本类型的模流分析　69

(4) 如图 2-50 所示，将主流道开始直径设为"3.5"mm，角度为"3"度，长度为"50"mm，分流道直径为"5"mm，单击"下一步"按钮，进入"浇注系统向导"对话框第 3 页，如图 2-51 所示。

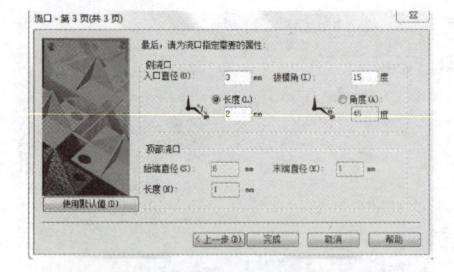

图 2-50　布局-2　　　　　图 2-51　布局-3

(5) 在"浇注系统向导"对话框的第 3 页中，设置边门浇口的开始直径为"3"mm，角度为"15"度，长度为"2"mm。单击"完成"按钮，流道系统创建完毕，如图 2-52 所示。

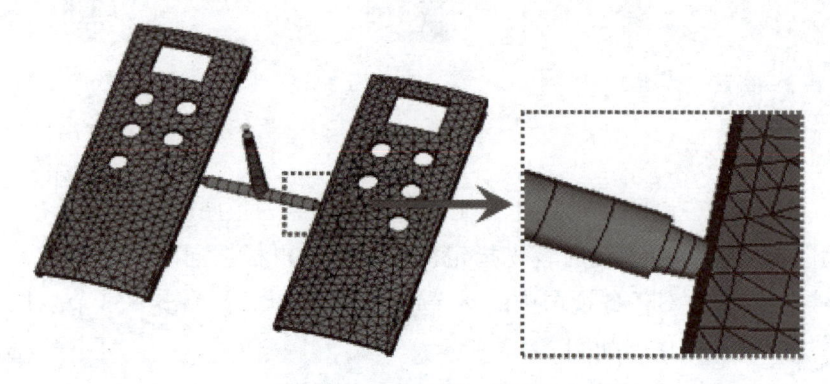

浇注系统创建与充填分析

图 2-52　自动流道系统结果

观看步骤 3 的操作视频，请扫描二维码 E2-5。

4. 连通性检查

浇注系统创建完毕后，需要进行连通性诊断，检查从主流道到模腔是否完全连通。执行"网格"→"网格诊断"→"连通性"命令，"工具"页面显示"连通性诊断"定义信息，如图 2-53 所示。选择主流道进口的第一单元"B7609"作为连通性诊断的开始单元，单击"显示"按钮，诊断结果如图 2-54 所示。

5. 材料选择

遥控器面盖的成型材料为 Ge Plastics USA 公司的 PC 塑料，商业牌号为 lexan 125。执行"主页"→"成型工艺设置"→"选择材料"→"选择材料 A"命令，或者双击方案任务视窗中的 ✓ Generic PP: Generic Default 图标，系统弹出"选择材料"对话框，如图 2-55 所示。

图 2-53 连通性诊断 　　　　　　　　　图 2-54 诊断结果

在图 2-55 所示的对话框中,"常用材料"栏为空,因此用户需要通过搜索的方式查找材料。单击"搜索"按钮,弹出如图 2-56 所示的"搜索条件"对话框,在"搜索字段"列表框中选择"材料名称缩写",在"子字符串"文本框中输入"PC"。

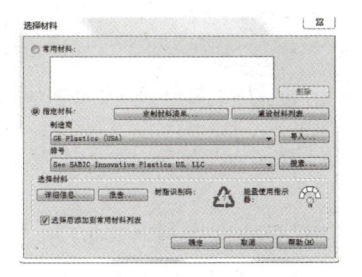

图 2-55 "选择材料"对话框 　　　　　　图 2-56 "搜索条件"对话框

单击"搜索"按钮,系统进入"选择 热塑性塑料"对话框,如图 2-57 所示。单击目标材料,如图 2-57 中"9"号材料,连续单击"确定"按钮,完成材料选择,如图 2-58 所示,材料显示为"Lexan 105:SABIC Innovative Plastic US,LLC"。

图 2-57 选择 9 号塑料 　　　　　　　　图 2-58 完成材料选择

6. 选择分析类型

默认的分析类型为"填充"分析,本例不需要修改,如果需要更换其他分

项目二　基本类型的模流分析　71

析类型，可以双击方案任务视窗中的 ✓ 填充 图标，进入"选择分析顺序"对话框进行更换。

7. 工艺设置

双击 ✓ 工艺设置（默认）图标，进入"工艺设置向导-填充设置"对话框，如图 2-59 所示。

图 2-59 填充设置

（1）"模具表面温度"和"熔体温度"：系统根据材料属性参数自动推荐，通常使用系统默认值；也可以根据实际情况进行设置，通常在材料推荐的许可范围内设置。

（2）"充填控制"：熔体从进入型腔开始，到充满型腔这个过程的控制方式。

此下拉菜单下有 6 个控制方式，即"自动""注射时间""流动速率""相对螺杆速度曲线""绝对螺杆速度曲线""原有螺杆速度曲线（旧版本）"，控制方式任选其一。

① "自动"：一般是在第一次分析时使用，可以得出注射时间的参考数据。

② "注射时间"：以注射时间来控制充填，螺杆以恒定速度完成注射。

③ "流动速率"：指定恒定的体积流动速率进行控制。

④ "相对螺杆速度曲线"：以"%流动速率与%射出体积"以及"%螺杆速度与%行程"两种方式进行选择，这两种设置相对简单，可以遵循"慢"-"快"-"慢"的原则进行设置。

⑤ "绝对螺杆速度曲线"：以螺杆所处的位置和螺杆速度设置螺杆速度曲线。

⑥ "原有螺杆速度曲线（旧版本）"：保留的旧版本下的设置方式。

以"%流动速率与%射出体积"为例，单击"相对螺杆速度曲线"→"%流动速率与%射出体积"→"编辑曲线"，如图 2-60 所示，输入相关数据，绘制曲线如图 2-61 所示。

图 2-60 充填控制曲线设置　　　　图 2-61 充填控制曲线图

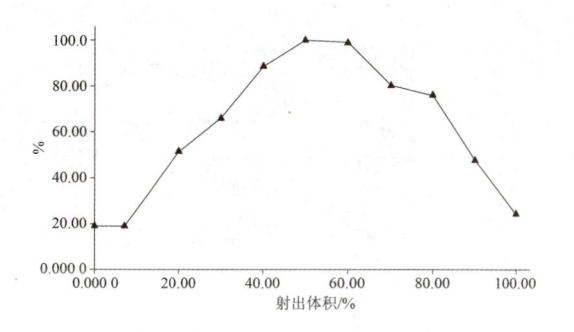

8. 分析求解

双击方案任务视窗中的 开始分析! 图标，提交分析，系统弹出如图 2-62 所示的提示框，单击"确定"按钮。当系统弹出如图 2-63 所示的"分析完成"提示时，表明填充分析结束，单击"确定"按钮。

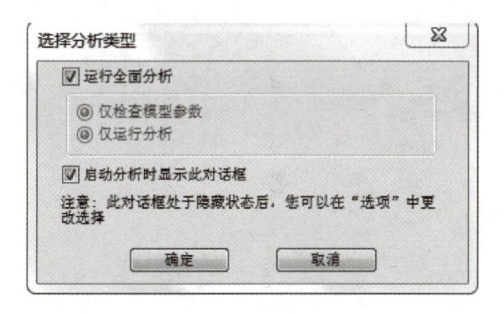

图 2-62 运行全面分析　　　　图 2-63 "分析完成"对话框

"分析日志"页面显示充填分析过程信息如图 2-64 所示。

8. 查看结果

Moldflow 为用户提供了结果彩图，便于用户直观从彩图中选择合理的浇口位置，选中方案任务视窗中的复选框即可查看分析结果，如图 2-65 所示。

浇注系统创建与充填分析

图 2-64 分析日志　　　　图 2-65 分析结果

观看步骤 4~8 的操作视频，请扫描二维码 E2-6。

项目二　基本类型的模流分析　73

2.2.2 填写"课程任务报告"

课程任务报告

班级		姓名		学号		成绩	
组别		任务名称		填充分析		参考课时	2课时
任务要求		1. 手动创建流道系统。 2. 自动创建流道系统。 3. 材料选择。 4. 学习分析类型,完成充填分析过程设置。					
任务完成过程记录		总结的过程按照任务的要求进行,如果位置不够则加附页(可根据实际情况,适当安排拓展任务供同学分组讨论学习,此时以拓展训练内容的完成过程进行记录)。					

注塑成型仿真分析技术

2.2.3 知识学习

1. 材料知识

1）描述

描述指的是材料的基本信息，如图2-66所示。

（1）系列：材料所属的类别，例如POLYCARBONATES（PC）是聚碳酸酯。

（2）牌号：例如Lexan 105，是商品名称，唯一，如果已知材料牌号，则可以在材料库里按牌号搜索。

（3）制造商：材料生产商，例如SABIC Innovative Plastics US，LLC。

（4）材料名称缩写：材料的类型，例如PC、ABS、POM等。

（5）材料类型：对于热塑性塑料，指的是无定型材料（Amorphous）、结晶材料（Crystalline）以及半结晶材料（Semi-Crystalline）。

（6）数据来源：提供材料数据的公司，例如Moldflow公司或者Other。

2）推荐工艺

推荐工艺指定了材料的工艺范围，如图2-67所示。

图2-66 材料描述　　　图2-67 推荐工艺

（1）模具表面温度：指与塑料接触的模具表面温度，通常为推荐模温范围的中间值。

（2）熔体温度：指注射熔体的温度，有流道系统时，指主流道入口（与注射机喷嘴接触部分）的熔体温度；无流道系统时，指浇口处的熔体温度。

（3）模具温度范围：指该材料推荐的模具温度的最小值与最大值。

（4）熔体温度范围：指材料熔体温度的最小值与最大值。

（5）绝对最大熔体温度：熔体的最高注射温度，通常建议低于此温度成型。

（6）顶出温度：塑件在此温度以下顶出，以保证不会由于硬度不足而产生永久变形或留下明显的顶出痕迹。

（7）最大剪切应力：熔体能承受的最大剪切应力，超过该应力，材料开始

项目二　基本类型的模流分析　　75

分解。

（8）最大剪切速率：熔体能承受的最大剪切速率，超过该剪切速率，材料开始分解。

3）流变属性

流变属性指的是材料黏度随剪切速率、温度的变化关系，如图2-68所示。

黏度：材料黏度表示熔体流动的内摩擦力大小。

默认的黏度模型：黏度模型是数学模型，精确描述了材料黏度随剪切速率、压力与温度的变化关系，常用的有修正的Cross WLF模型、Matrix模型、Second Order模型。

下面介绍大部分材料采用的修正的Cross WLF模型。Cross WLF黏度模型参数如图2-69所示。

图2-68 流变属性

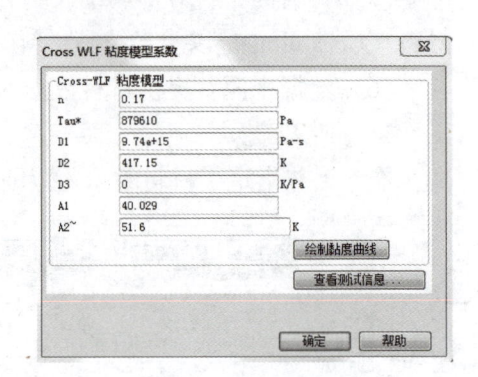

图2-69 黏度参数

在该黏度模型众多参数中，特制需要注意D3，D3表示压力对黏度的影响。在传统成型条件下，压力对黏度的影响不明显，D3可设为0。但在高压下，压力对黏度的影响很重要，D3必须设定。由于实验测试的温度和剪切速率难以全部包含实际加工条件，故实际计算过程中常对黏度数据进行温度插值以及剪切速率插值。

通常可以单击"绘制黏度曲线"查看材料的黏度测试曲线。

4）热属性

比热：单位质量的某种物质温度升高1 ℃时所吸收的热量。

热传导系数：当温度梯度为1时，单位时间流过单位面积的热量。

5）PVT属性

PVT属性是指材料的压力、体积、温度属性，其对于塑料成型来说至关重要，对材料的收缩性、流动性、结晶性、热敏性等方面的性质影响非常大，直接决定了数据成型质量的好坏。

（1）熔体密度：显示材料在熔体状态中的密度，如双层面修改后的Tait PVT模型所述。熔体密度是在0 MPa压力和加工温度范围中点的情况下进行测量的。

（2）实体密度：显示在 0 MPa 压力和 25 ℃ 的情况下选定材料处于实体状态时的密度，如双层面修改后的 Tait PVT 模型所述。

（3）两域修正的 Tait PVT 模型系数：双层面修改后的 Tait PVT 模型中的系数指定拟合数据值。

单击"绘制 PVT 数据"，以显示材料在选定压力下的特定体积和温度的曲线图。

另外还有机械属性、收缩属性、填充物属性、光学属性与环境影响等。

2. 分析类型

Moldflow 为用户提供了丰富的分析类型，用户根据预估制件缺陷类型选择对应的分析类型。例如，对薄壁塑料件而言，在成型过程中的主要缺陷是翘曲变形和充填不足，因此在设置分析类型时，用户需选择"冷却+流动+翘曲"分析类型。

（1）充填分析：模拟熔体从进入模腔开始，到熔体达到模具模腔的末端过程，计算模腔被填满过程中流动前沿位置。目的是预测制品在相关工艺参数设置下的充填行为，获得最佳浇注系统设计。

（2）流动分析：用于预测热塑性高聚物在模具内流动。MPI 模拟从注塑点开始逐渐扩散到相邻点的流动前沿，直到流动前沿扩展并充填完制品上的最后一点，完成流动的分析计算。目的是获得最佳的保压阶段设置。

（3）冷却分析：用来分析模具内的热传递，主要包含塑件和模具的温度、冷却时间等。目的是判断制品冷却效果的优劣，计算出冷却时间，确定成型周期。

（4）翘曲分析：用于判定采用热塑性材料成型的制品是否会出现翘曲，如果出现翘曲的话，则查出翘曲原因。

其余几种分析类型将在后面内容中进行介绍。

2.2.4　问题探讨

（1）如何查看材料详细信息？
（2）简述材料 PVT 曲线与黏度曲线的含义。
（3）如何搜索含有玻璃纤维添加物的材料？

2.2.5　任务拓展

针对任务拓展模型，如图 2-70 和图 2-71 所示，按照时间、相对螺杆速度曲线设置充填参数，并完成计算。

图 2-70　侧浇口流道系统　　　　　　　图 2-71　点浇口流道系统

观看本拓展的操作视频，请扫描二维码 E2-7。

任务 2.3　注射工艺参数优化与保压分析

相对螺杆速度曲线

知识点

◎选择注射机、注射工艺参数设置方法（绝对螺杆速度曲线）。
◎成型窗口分析。
◎保压曲线设置方法。
◎注塑工艺参数优化设置方法。

技能点

◎能按照实际注射工艺参数设置要求完成注射工艺参数设置和保压曲线设置。
◎在仿真条件下，实现试模分析，并能完成参数优化。

素养点

◎通过优化设计工作，培养科学思维方式、信息素养和创新精神。
◎在查找、分析和处理资料及信息的过程中，培养耐心、细致的精神。

任务描述

◎完成注射参数的设置与实现，以及工艺参数的设置与优化设计。

2.3.1 任务实施

1. 打开工程

打开工程"2-04.mpi",显示灯罩模型如图2-72所示。本例以一模四腔进行分析。

图 2-72 灯罩模型

2. 创建流道系统

(1) 选择节点 N250,执行"几何"→"移动"→"平移"命令,以坐标"(-5 -5.8 0)"平移复制创建第一个点 N1;选择节点 N250,以坐标"(-10 -11.6 0)"平移复制创建第二个点 N2;选择 N2,以坐标"(0, 4.6, 0)"平移复制创建点 N3;选择 N3,以坐标"(0 -23 0)"平移复制创建节点 N4,结果如图2-73所示。选择 N4,以坐标"(0 0 50)"创建节点 N5。

注意:N1~N5 只是用来示意的标号,并非模型中的编号。

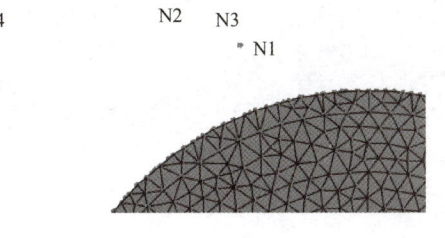

图 2-73 方案任务

(2) 创建流道系统直线。执行"几何"→"曲线"→"创建直线"命令,连接 N5 和 N4 创建直线 L1,连接 N4 和 N2 创建直线 L2,连接 N2 和 N3 创建直线 L3,连接 N3 和 N1 创建直线 L4,连接 N1 和 N2 创建直线 L5。结果如图2-74所示。

(3) 设置流道系统直线的属性。选择直线 L1,设置属性为"冷主流道","始端直径"为"4","锥体角度"为"1.5";按住"Ctrl"键,选择直线 L2、L3,设置属性为"冷流道",形状为"圆形""非锥体",直径为"6";选择直线 L4,设置属性为"冷流道",形状为"半圆形""非锥体",直径为"8",高度为"4";选择直线 L5,设置属性为"冷浇口",形状为"矩形""非锥体",宽度为"6",高度为"2"。

项目二 基本类型的模流分析 79

（4）划分网格。以"全局边长"4.6 mm 划分流道系统网格，结果如图 2-75 所示。

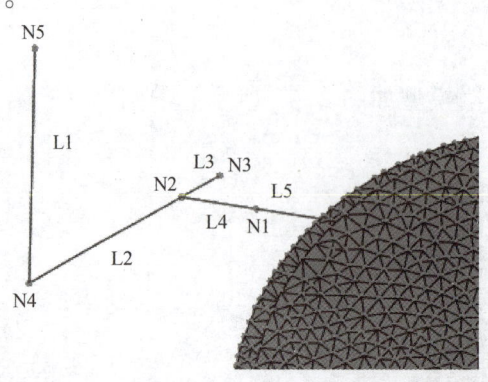

图 2-74　创建流道直线　　　　　　　　图 2-75　流道网格

注射工艺参数优化与保压分析

（5）设置出现次数。单击"网格"→"选择"→"属性"，选择"三角形单元"，单击"确定"按钮，所有三角形单元被选中，以红色显示。鼠标移到红色三角形单元区域，右键点选"属性"，出现如图 2-76 所示"选择属性"对话框，按住"Shift"键，左键点选最下方属性，选中所有三角形单元属性，单击"确定"按钮，出现如图 2-77 所示对话框，设置出现次数为 4。

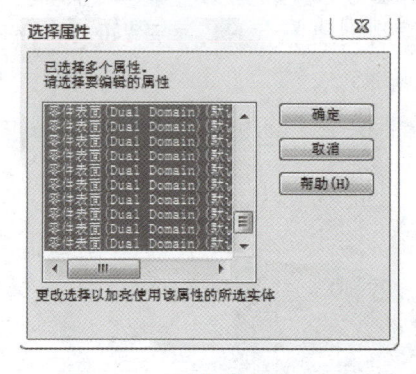

图 2-76　"选择属性"对话框　　　　　图 2-77　设置出现次数

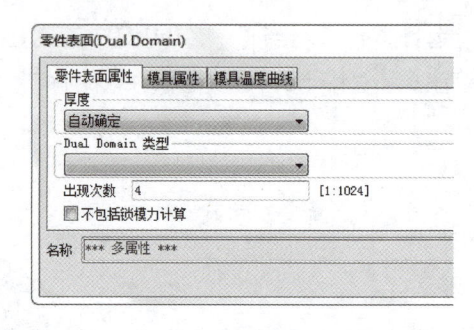

点选第 1 冷流道的一个柱体单元，在属性中设置出现次数为"2"；点选第 2 冷流道的一个柱体单元，在属性中设置出现次数为"4"；点选冷浇口的一个柱体单元，在属性中设置出现次数为"4"。

观看操作视频，请扫描二维码 E2-8。

3. 成型窗口分析

（1）修改第二个方案名为"dengtou_方案（成型窗口）"，选择"分析序列"命令，设置分析序列为"成型窗口"分析。完成结果如图 2-78 所示。

（2）注塑机选用：双击 工艺设置（默认），单击"高级选项"，在"注塑机选项"后单击"选择"，选择牌号为"Vista110-B35（191g/7oz）"注塑机（序号为190），其他参数保持不变，如图2-79所示。单击 开始分析！，分析完成。

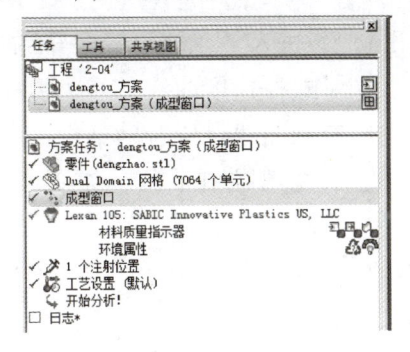

图2-78 成型窗口分析 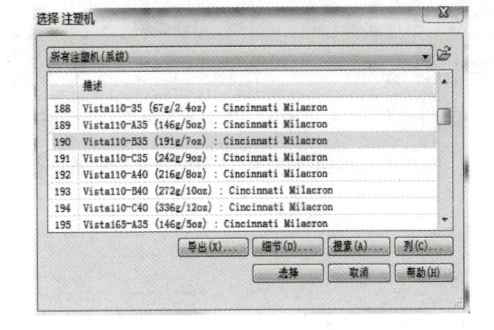　　　　　　　图2-79 选择注注塑机

单击 区域(成型窗口):2D 切片图 勾选方框，按住鼠标左键拖动方框，在注塑时间为1.1 s左右出现成型窗口较宽的首选区域，如图2-80所示。

对于其他结果，仅举一个例子讲解查看方法。单击 最长冷却时间(成型窗口):XY 图 勾选方框，单击"属性"进入"属性设置"对话框，如图2-81所示，拖动浮标到熔体温度为289.5 ℃位置，拖动浮标到注射时间为1.022 s位置，单击关闭，可以看到该条件下最长冷却时间随模具温度的变化曲线，如图2-82所示。采用同样的操作方法，显示该条件下最低流动前沿温度随模具温度的变化曲线，如图2-83所示。

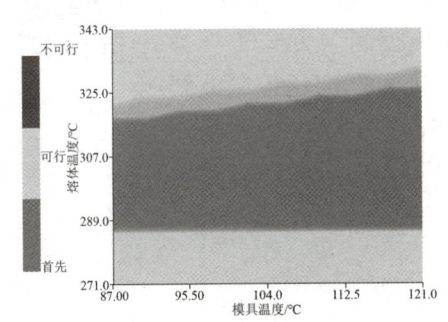

图2-80 区域（成型窗口） 　　　　　图2-81 属性设置

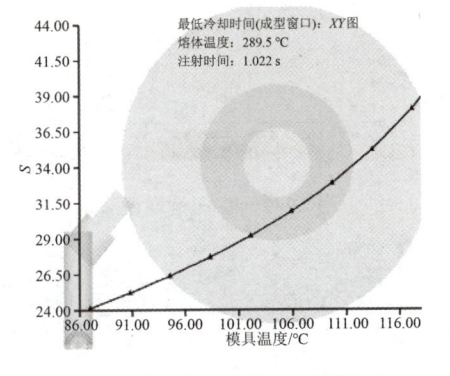

图2-82 最长冷却时间（成型窗口） 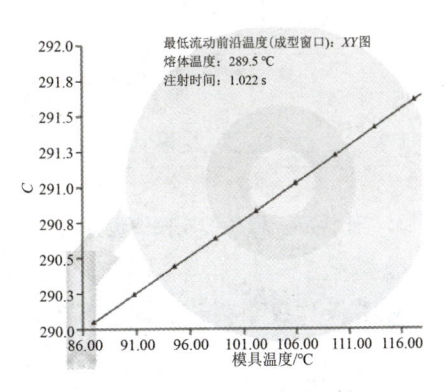　　图2-83 最低流动前沿温度（成型窗口）

项目二 基本类型的模流分析　81

4. 注射工艺参数设置

在"方案任务"下双击"工艺设置（用户）"，进入"工艺设置向导-充填控制"对话框，在"充填控制"方式中选择"绝对螺杆速度曲线"→"螺杆速度与螺杆位置"，单击"编辑曲线"，进入"充填控制曲线设置"对话框，填入数据，如图 2-84 所示。单击"绘制曲线"，显示充填控制曲线，如图 2-85 所示。

图 2-84　充填控制曲线设置

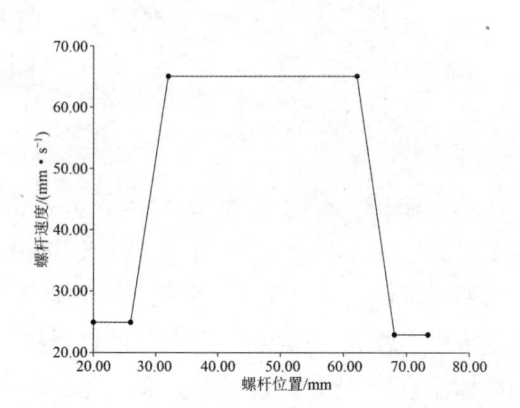

图 2-85　绝对充填控制曲线

5. 保压控制

在"方案任务"下双击"工艺设置（用户）"，进入"工艺设置向导-填充控制"对话框，在"保压控制"方式中选择"%填充压力与时间"，单击"编辑曲线"进入"保压控制曲线设置"对话框，填入数据，如图 2-86 所示。单击"绘制曲线"，显示保压控制曲线，如图 2-87 所示。保压时间的确定在后续项目中讲述。

注射工艺参数优化与保压分析

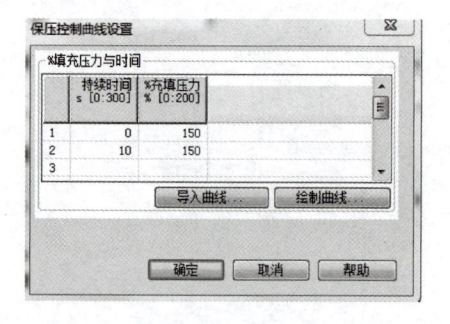

图 2-86　保压控制曲线设置

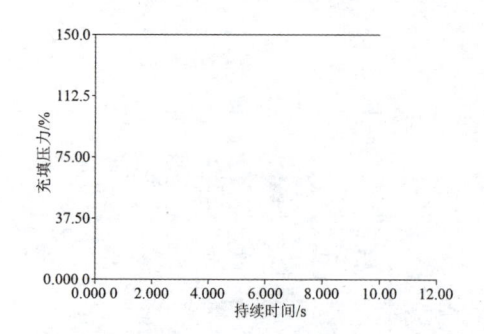

图 2-87　保压控制曲线

观看操作视频，请扫描二维码 E2-9。

2.3.2 填写"课程任务报告"

课程任务报告

班级		姓名		学号		成绩	
组别		任务名称	注射工艺参数优化与保压分析			参考课时	2课时
任务要求		1. 选择注射机、注射工艺参数设置方法（绝对螺杆速度曲线）。 2. 成型窗口分析。 3. 保压曲线设置方法。 4. 注塑工艺参数优化设置方法。					
任务完成过程记录		总结的过程按照任务的要求进行，如果位置不够则加附页（可根据实际情况，适当安排拓展任务供同学分组讨论学习，此时以拓展训练内容的完成过程进行记录）。					

项目二 基本类型的模流分析

2.3.3 知识学习

1. 注塑机选用

注塑机选用必须同时考虑锁模力、注射量以及模板尺寸，实际设计时应尽量选用同时满足这三项要素的注塑机。

1) 锁模力

实际需要的锁模力应该控制在注塑机最大锁模力的80%以内。实际分析锁模力的目的是找到最低锁模力，而不是一次分析获得的锁模力，可以通过调整不同工艺条件，甚至模具设计方案（比如浇口位置或浇口数量）来实现。

2) 注射量

注射量要考虑最大注射量和最小注射量。

为保证充填，实际注射量（塑件+浇注系统）应为小于或等于30%~80%的注塑机最大注射量。

为保证熔体在料筒中有合适的驻留时间，注塑机的注射量不应过大，其中驻留时间计算公式为

$$驻留时间(min) = \frac{1.4 \times 料筒容量}{PS密度} \times \frac{成型材料密度}{一次注射量} \times 成型周期 \times \frac{1 \text{ min}}{60 \text{ s}}$$

要求：驻留时间<4 min（其中结晶性塑料不低于1.5 min，以确保充分塑化）。

3) 注塑机选择

以本部分2-04灯头透明件为例选择注塑机。

注射量：单个塑件体积 $V_{件} = 15 \text{ cm}^3$，浇注系统体积为 $V_{浇} = 7 \text{ cm}^3$（体积可以通过"网格统计"命令查看，此处对体积取了整数）。总体积 $V_{总} = 4 \times V_{件} + V_{浇} = 67 \text{ cm}^3$。

按照实际注射量（塑件+浇注系统）应为小于或等于30%~80%的注塑机最大注射量的要求（$V_{额}$），$V_{总}/0.8 \leq V_{额} \leq V_{总}/0.3$，即 83.75 cm³ $\leq V_{额} \leq$ 223.33 cm³。

在所有注塑机（系统）中选择 Vista110-B35（191g/7oz）注塑机（序号为190），查看细则，单击"编辑"按钮，进入"注塑机"对话框。该注塑机的注射单元基本参数如图2-88所示，最大注塑机注射行程 L 为180 mm，最大注塑机体积注射速率为 $v_{体积} = 144 \text{ cm}^3/\text{s}$，锁模单元参数如图2-89所示，最大注塑机锁模力为100 t。

图2-88 注射单元　　　　图2-89 锁模单元

2. 绝对螺杆速度曲线设置

1）垫料警告限制

在实际生产中是根据产品大小来取的，一般按 5%～10% 计算，默认值为 20 mm，仿真分析可以采用此默认值。

2）启动螺杆位置

$$L_{启动} = 单次注射需要螺杆后退的长度 + 垫料距离$$
$$= 1\,000 \times V_{总} / [3.14 \times (D/2)^2] + 20 = 53.4 + 20 = 73.4 (\text{mm})$$

3）螺杆最大速度的计算

$$v_{螺杆} = 1\,000 \times v_{体积} / [3.14 \times (D/2)^2] = 144.65 \text{ mm/s}$$

4）螺杆速度

螺杆速度根据"慢-快-慢"的原则设置数值。

3. 出现次数的设置

"出现次数"通常是在对称分布的模穴中使用，以树脂来表示某个对象的重复出现次数，而不是将整个模腔中的产品模型或流道系统全部创建出来，从而大大减少了模型的网格数目，间接起到简化模型的作用，通过"出现次数"的使用可以大大减少分析前处理与系统分析计算所需的时间，提高了分析工作效率。对于大件产品模型来说，这种效果更为明显。

如果在设置好"出现次数"的值后又进行了新建或修改其他对象等操作，则需要检查这些对象"出现次数"的值是否正确并修改不正确的值。对于竖直流道来说，没有"出现次数"选项，系统默认值为 1。

对于相对较小且对称的产品模型，则通常以不使用"出现次数"为最佳方式。需要注意，一般只建议在进行流动分析时使用"出现次数"，在进行冷却、翘曲、应力分析时应避免使用"出现次数"，否则将影响到分析结果的准确性。

2.3.4 问题探讨

（1）设定分析次数有何作用？如何设定分析次数？在哪些分析中不能使用出现次数？

（2）如何选择注塑机？

（3）如何进行绝对螺杆速度曲线设置？

2.3.5 任务拓展

针对"2.3.5.udm"任务拓展模型，如图 2-90 所示，按照绝对螺杆速度曲线设置充填参数，并完成计算。

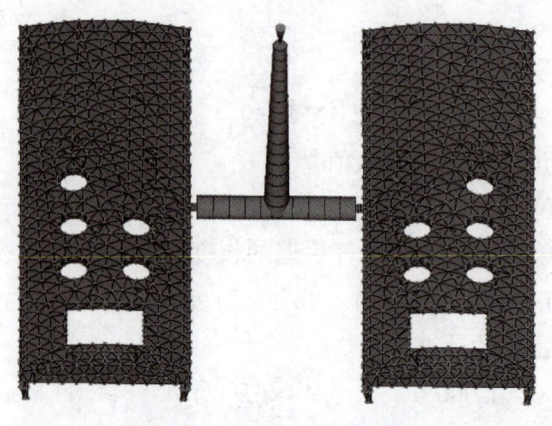

图 2-90　设置绝对螺杆速度曲线

绝对螺杆速度曲线

观看本拓展的操作视频，请扫描二维码 E2-10。

任务 2.4　冷却系统创建与翘曲分析

知识点

◎冷却系统创建方法。
◎冷却分析流程。
◎理解引起塑件翘曲的三大原因和翘曲机理。

技能点

◎能完成线创建与柱体网格划分。
◎喷水管与隔水板设计。
◎冷却水道的分析设置。

素养点

◎通过翘曲分析工作，树立多因素的相互影响的概念，培养抓主要矛盾的思维。
◎在查找、分析和处理资料及信息的过程中，培养耐心、细致的精神。

任务描述

◎根据实际的情况做出符合要求的对策、冷却系统的设置与应用、冷却分析过程设置、翘曲分析与结果解读，并优化冷却设计。

2.4.1 任务实施

1. 复制方案

本例采用前面介绍的遥控器面盖浇注系统创建结果模型,来演示冷却系统的创建过程。打开工程"2-05.mpi",显示灯罩模型。

方案复制,右击图标 遥控器面盖(F),在弹出的快捷菜单中选择"重复"选项。修改新方案名称为 遥控器面盖(C)-自动。打开该方案,单击"分析序列"命令,选择"冷却"选项,将分析任务由"填充"换成"冷却",如图 2-91 所示。

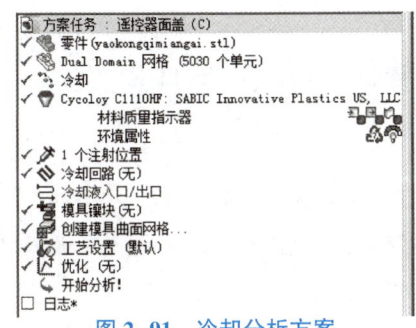

图 2-91 冷却分析方案

2. 自动创建冷却系统

执行"几何"→"冷却回路"命令,系统弹出如图 2-92 所示的"冷却回路向导"对话框的第 1 页,"指定水管直径"设为"8"mm,"水管与零件间距离"为"15"mm,排列方向与"Y"平行。单击"下一步"按钮,进入"冷却回路向导"对话框的第 2 页,如图 2-93 所示。

图 2-92 冷却回路向导-1　　　　图 2-93 冷却回路向导-2

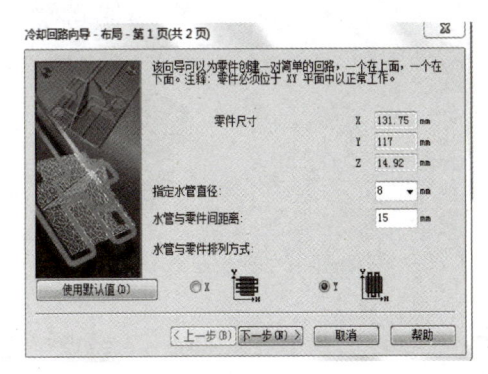

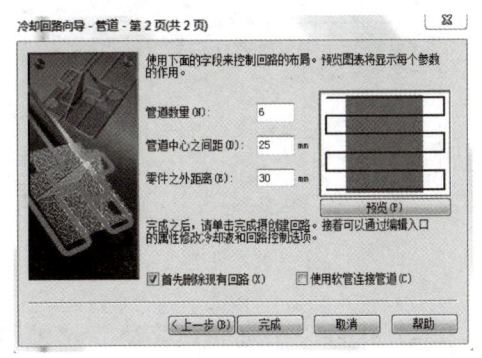

设置"管道数量"为"6","管道中心之间距"为"25"mm,"零件之外距离"为"30"mm,单击"预览"按钮,显示水管布局情况,单击"完成"按钮,冷却回路自动创建完毕,如图 2-94 所示。

项目二　基本类型的模流分析　87

图 2-94　冷却回路创建

冷却系统创建
与翘曲分析

观看本操作视频，请扫描二维码 E2-11。

3. 手动创建冷却系统

（1）方案复制，右击图标 遥控器面盖(F)，在弹出的快捷菜单中选择"重复"命令。修改新方案名称为 遥控器面盖(C)-手动。打开该方案，单击"分析序列"，选择"冷却"。将分析任务由"填充"换成"冷却"。

（2）新建图层：图层重命名为"冷却系统"，确认为当前层，流道操作即在本层中。

（3）执行"几何"→"移动"→"平移"命令，选择节点 N3769，输入移动矢量为（20 -20 20），如图 2-95 所示。单击"应用"按钮生成节点 N3806，如图 2-96 所示。

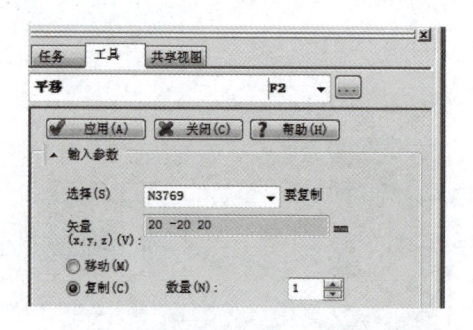

图 2-95　平移复制

图 2-96　创建第一个点

（4）执行"几何"→"移动"→"镜像"命令，选择节点 N3806，"镜像"选择"YZ 平面"，"参考点"为流道中心点（0 0 0），如图 2-97 所示。单击"应用"按钮复制出节点 N3807，如图 2-98 所示。

（5）执行"几何"→"移动"→"平移"命令，选择节点 N3806 和 N3807，输入移动矢量为（0 30 0），复制数量为 2，复制出 4 个节点 N3808～N3811，如图 2-99 所示。

图 2-97　镜像节点

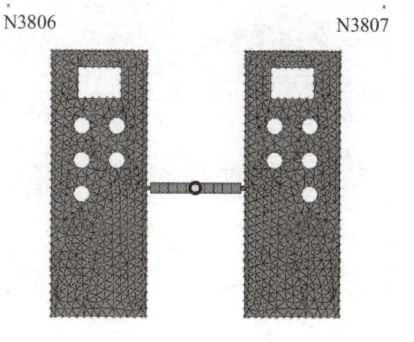

图 2-98　镜像结果

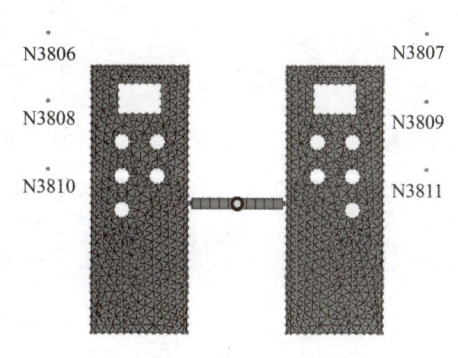

图 2-99　镜像节点

（6）执行"几何"→"移动"→"镜像"命令，选择 N3806~N3811 六个节点，"镜像"选择"XZ 平面"，"参考点"为流道中心点（0 0 0），镜像出图 2-100 所示的六个节点。

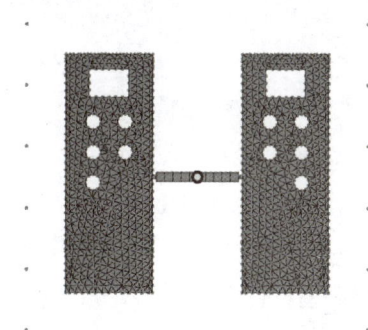

图 2-100　镜像结果

（7）创建冷却水路中心线。执行"几何"→"曲线"→"创建直线"命令，选择其中两点，如 N3806、N3807 两个节点，单击图 2-101 中的 按钮，进入"指定属性"对话框，如图 2-102 所示。单击"新建"按钮，在下拉列表中选择"管道"，系统弹出如图 2-103 所示的"管道"对话框。在"管道"对话框中设置管道截面形状为圆形，直径为"8"mm，单击"应用"按钮，生成第一段冷

项目二　基本类型的模流分析　89

却管路中心线，如图 2-104 所示。

接下来选择各点，依次生成各段冷却管路。完成后的冷却系统中心线如图 2-105 所示。

图 2-101　创建直线

图 2-102　赋予管道属性

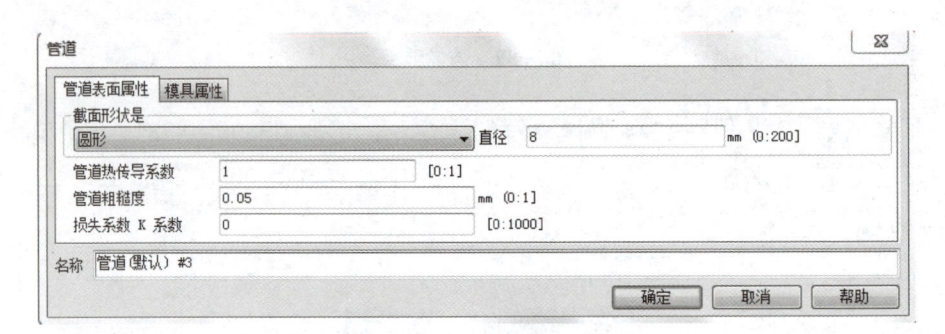

图 2-103　管道对话框

图 2-104　水路中心线

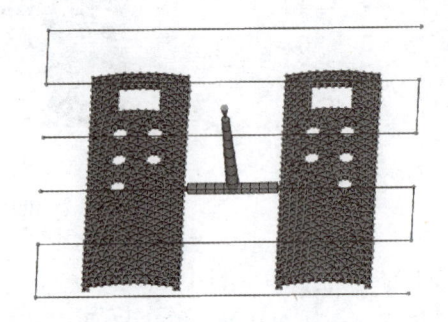

图 2-105　前模水路中心线

(8) 冷却系统网格划分：在层管理视窗中，关闭除"冷却系统"层外的所有层，如图 2-106 所示。在模型显示区域也仅显示了冷却系统水道中心线，如

90　■ 注塑成型仿真分析技术

图 2-107 所示。

注：此步骤不是必须做的。

图 2-106　关闭其他图层　　　　图 2-107　水道中心线

（9）执行"网格"→"生成网格"命令，设置全局网格边长为 20 mm，其他参数保持不变，单击"立即划分网格"按钮（见图 2-108），生成如图 2-109 所示的冷却系统单元。

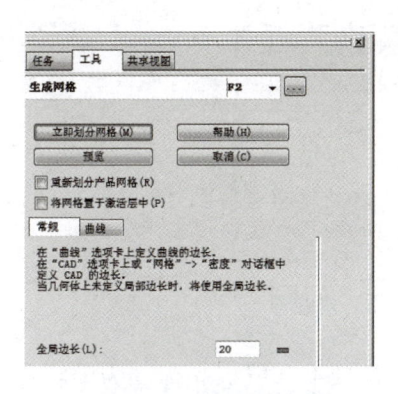

图 2-108　网格划分参数　　　　图 2-109　前模水路网格

（10）复制前模水路到后模。框选前模水路，执行"几何"→"移动"→"平移"命令，在"平移"对话框中复制出下模水路，平移矢量为"0 0 -35"。将层管理视窗中的各层全部开启，模型显示区中显示已创建的冷却系统、浇注系统和塑件网格模型，如图 2-110 所示。

图 2-110　网格模型图

项目二　基本类型的模流分析　　91

(11) 设定冷却液入口。执行"主页"→"边界条件"命令，或者双击方案任务视窗中的 冷却液入口/出口 图标，单击"新建"按钮，弹出如图 2-111 所示的"冷却液入口"对话框。

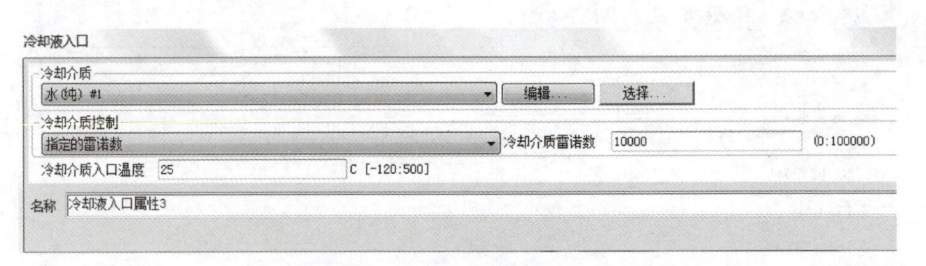

图 2-111 "冷却液入口"对话框

(12) 如果要更换冷却液类型，则可单击"选择"按钮添加冷却液属性，系统弹出如图 2-112 所示的"选择冷却介质"对话框，可以对冷却介质入口温度进行重新设置。

图 2-112 "选择冷却介质"对话框

(13) 选择完毕后，回到图 2-110 所示的模型中，鼠标光标变为十字形。单击冷却管的 4 个入口节点，冷却液入口设置完毕，如图 2-113 所示。执行"主页"→"边界条件"→"冷却液入口/出口"→"冷却液出口"命令，设置相应的 4 个出口，此时方案任务中提示"具有 4 个入口和 4 个出口的冷却回路"，如图 2-114 所示。

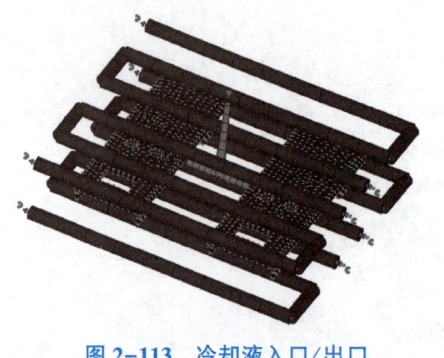

图 2-113 冷却液入口/出口 　　　　图 2-114 方案任务栏

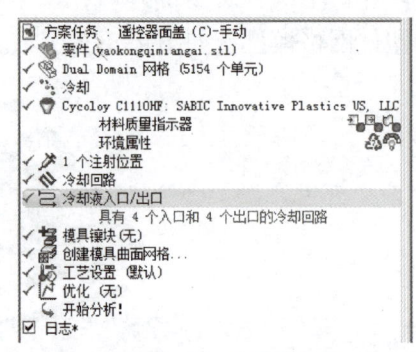

4. 翘曲分析设置

(1) 方案复制,右击图标 📄 遥控器面盖(C)-手动,在弹出的快捷菜单中选择"重复"命令。修改新方案名称为 📄 遥控器面盖(C+F+P+W)-手动,打开该方案,单击"分析序列",选择"冷却+填充+保压+翘曲"分析,如图 2-115 所示。

(2) 在方案任务栏中双击工艺设置(默认),进入"工艺设置向导-翘曲设置-第 3 页(共 3 页)",勾选 3 个方框,如图 2-116 所示,完成翘曲设置。

图 2-115　翘曲分析方案　　　　　　图 2-116　翘曲分析设置

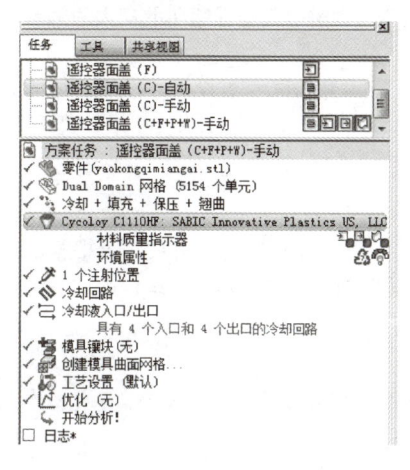

观看本操作视频,请扫描二维码 E2-12。

冷却系统创建
与翘曲分析

项目二　基本类型的模流分析　93

2.4.2 填写"课程任务报告"

课程任务报告

班级		姓名		学号		成绩	
组别		任务名称	冷却系统创建与翘曲分析			参考课时	2课时
任务要求		1. 冷却系统创建方法，冷却分析流程，理解引起塑件翘曲的三大原因和翘曲机理。 2. 能完成线创建与柱体网格划分，喷水管与隔水板设计，冷却水道的分析设置。 3. 保压曲线设置方法。 4. 注塑工艺参数优化设置方法。					
任务完成过程记录		总结的过程按照任务的要求进行，如果位置不够则加附页（可根据实际情况，适当安排拓展任务供同学分组讨论学习，此时以拓展训练内容的完成过程进行记录）。					

2.4.3 知识学习

1. 冷却分析

1) 冷却分析的作用

冷却系统设计的好坏是模具设计成功与否的一个关键因素，它直接影响塑料制品的质量和生产效率。在注塑成型过程中，塑料制品在型腔中的冷却时间要占整个成型周期的 70%~80%，而且冷却的速度和均匀性直接影响制品的性能。如果冷却系统设计不合理，则会造成生产周期过长、成本过高。此外，不均匀的冷却效果也会造成产品因热应力而产生翘曲变形，从而影响产品品质。

衡量模具冷却系统设计好坏的标准有两个：一是制品冷却时间最短；二是使制品的各个部位均匀冷却。影响冷却系统的因素很多，除了塑料制品的几何形状、冷却介质、流量、温度、冷却水路的布置、模具材料、塑料熔体温度、模具温度、塑料顶出温度外，还涉及塑料与模具之间的非稳态热循环交互作用。用实验的方法来测试不同的冷却系统对冷却时间和制品质量的影响是相当困难的。

Moldflow 对冷却系统做优化设计，通过分析冷却系统对流动过程的影响，优化冷却管道的布局和边界条件，从而产生均匀的冷却，并由此缩短成型周期，减少产品成型后的内应力，提高产品质量，降低成本。

2) 注塑模的热传输

在注塑成型过程中，存在四种基本的热传输方式：强制对流、自然对流、传导和辐射。由塑料带入注塑模的热量，其中 80%~95% 通过模具金属传导至冷却水管壁，然后遣散到冷却水管中去。传导至注塑机模板的热量和从模具表面对流出去的热量仅占总量的 5%~15%，并不重要。辐射到周围空间的热量，只有当模具温度达到 85 ℃ 以上时才考虑。在采用热流道的情况下，也会向模具输入热量。在有些情况下，冷却液的温度远远高于环境温度，此时冷却液不是从模具吸收热量，而是向模具输入热量。

3) 热积聚

注塑模具中存在着热积聚，这些热积聚点会引起模具成型面温度的变化，使塑件冷却不均而翘曲。产生热积聚的原因有两个：一个是注入模具的塑料的不规则流动，引起热负荷的变化，这往往是由于不适当的摩擦热或者塑件壁厚引起的变化；另一个是模具的几何形状，如角落处等，在模具角落处区域冷却得比较充分，而角落内部冷却不足，引起塑件冷却不均。在这种情况下，模具型芯侧会因为角落的热积聚而产生很陡的温度梯度。

4) 冷却系统的设计

冷却对制品的质量影响非常大，冷却的好坏直接影响制品的表面质量、机械性能和结晶度等。冷却时间的长短决定了制品成型周期的长短，直接影响产品的成本。因此冷却系统布局的合理性直接关系到冷却效果,合理构建冷却系统显得尤为重要。冷却系统的设计主要包括冷却水道的布置和冷却参数(如冷却液的温度和压力)的设置。

(1)物理尺寸及冷却回路的设置。

冷却系统的物理设计通常受到模具几何尺寸、分型面位置、动模及顶出杆等的限制,因此不可能给出严格的设计规则。对于等壁厚的简单制品,均匀的冷却管道布置可获得均匀的冷却效果。然而大多数零件壁厚不一致,有的还设计了筋,常常会导致热积聚,可使冷却管道靠近壁较厚、有筋的区域,也可另加冷却管道(Baffle 或 Bubbler 等)。冷却水孔与型腔间的距离越远,模具成型面上的温度越均匀,但冷却水吸收的热量越少,冷却时间就越长。一般情况下,冷却水孔与型腔间的距离应取冷却水管直径的 2~3 倍。冷却水从入口处流入冷却水管之后,沿途吸收模具热量,水温变得越来越高,这会逐渐降低冷却能力,故冷却管进、出口水的温差越小越好(不超过 3 ℃),冷却水管越长,被冷却的模具面积越大,但冷却水管越长,管路上的压力降越大,冷却管进出口水的温差越大,冷却水管之间的最佳距离取决于冷却水孔直径和塑件的壁厚。

(2)特殊冷却形式。

对于无法通过普通冷却管道有效冷却的模具区域,可能需要使用喷水管式(Bubbler,见图 2-117)与隔板式(Baffle,见图 2-118)来进行冷却,可以将冷却液导流到通常情况下冷却不足的区域。

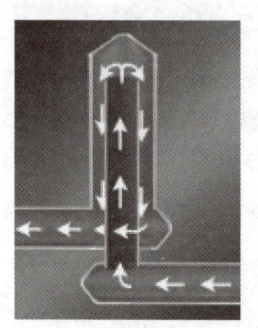

图 2-117　喷水管冷却回路　　　　图 2-118　隔水板冷却回路

喷水管的构建方式是将管置入钻孔的中心形成环形管道,冷却液流入管底部,然后从顶部呈喷泉状涌出,冷却液继续沿管外侧向下流动,随后流入冷却管道。

隔水板是通过在冷却管道中插入金属板而构建的冷却系统零部件。该金属板强迫冷却液在隔水板的一侧向上流动,而在另一侧向下流动,通过阻断冷却管道中的流动,隔水板可以在折弯处形成湍流,从而提高冷却液的导热能力,可取得较好的冷却效果。

模具材料采用高效传导率的模具材料(如 BeCu),可以增加热传输量,特别是在无法布置冷却管路的区域，采用这种材料可以改善冷却效果。

（3）冷却参数。

冷却参数主要包括冷却液流量、冷却管道的入口温度、冷却液在管路上的压力降、冷却液种类等。冷却液流量应使雷诺数大于 10 000，以保证产生紊流状态。一般情况下冷却管道的入口温度应比所需模具温度低 10~30 ℃。冷却液在管路上的压力降取决于冷却管道的长度、直径及流体流动的速度。冷却液种类包括自来水、冷却机产生的冷水及加了防冻剂的水和油等。

（4）冷却回路。

在冷却分析中，利用冷却回路将冷却液传送到模具中，可完成有效冷却的区域。冷却回路由一组相连的两点柱体表面组成，这些表面构成了整个冷却系统。冷却管道的放置受机械约束的限制，例如，顶针和金属镶件的放置。从冷却分析获得的信息可用于评估每个设计方案。在设计冷却系统时，要考虑冷却液入口、回路类型和回路位置。

冷却回路类型通常分为并联与串联。与并联回路相比，选择串联回路通常更为合适，因为其可以实现均匀的冷却液流动速率和热传导。如果需要使用并联回路，则各分支对于局部热负载应该保持平衡。对于设计不当的并联回路，某些分支中的流动可能很弱或者根本不存在流动，应该对每个分支中的流动进行控制，以使冷却回路中的全部冷却液均流经这些分支且呈湍流状态，这样才能达到最大的冷却效率。图 2-119 和图 2-120 展示的分别是串联冷却回路和并联冷却回路。

图 2-119　串联冷却回路　　　　图 2-120　并联冷却回路

2. 翘曲分析

1）翘曲的形成原因

可导致零件变形的因素有若干种。当考虑造成翘曲的原因时，应便于识别由于以下问题产生的收缩：区域与区域的收缩率变化（收缩不均）；模具的一侧与另一侧的温度不同（冷却不均）；材料取向方向的平行方向与垂直方向上的收缩量变化（取向效应）。

（1）收缩不均：此类收缩通常是由晶体成分和体积收缩率发生变化引起的。图 2-121 所示为连接到厚顶部的薄加强筋，通常顶部的冷却速率低于较薄部位的冷却速率，顶部的晶体成分将增加，因此收缩程度将更大，从而导致翘曲。

（2）冷却不均：温差引起的收缩通常会导致零部件弯曲，如图 2-122 所示。此类收缩通常是由于冷却系统设计不佳所致。零件在模具中时，模具一侧与另一侧的温差会导致整个零部件厚度内的收缩率发生变化。除此之外，当零件两侧冷却到室温时，顶出时的任何温差都将导致更大的翘曲。

图 2-121　收缩不均

图 2-122　冷却不均

（3）取向效应：取向时导致的材料取向方向的平行方向与垂直方向上的收缩量变化。图 2-123 所示为平行收缩大于垂直收缩时发生的翘曲。另一方面，如果垂直收缩高于平行收缩，则将产生凸起，如图 2-124 所示。

图 2-123　取向收缩翘曲-1

图 2-124　取向收缩翘曲-2

2）角效应

有角零件常出现翘曲的问题。导致拐角处发生翘曲的原因主要有两个：热量增加，从零件的拐角区域吸收热量的能力较低，从而导致冷却不均匀并产生热应力；收缩不均，根据模具抑制条件，零件厚度方向上的收缩要远大于零件拐角区域的平面收缩，这会导致进一步的变形。

默认情况下，所有 Autodesk Moldflow Insight 冷却和翘曲模拟中都需要考虑热效应。如果启用了翘曲分析高级选项中的"考虑角效应"选项，则需要考虑由模具抑制条件引起的收缩不均因素。

3）模具热膨胀

在翘曲分析或应力分析中考虑模具热膨胀对零件翘曲和/或模内应力产生的影响，需要进行模具热膨胀计算。

在注射成型期间，模具会随着温度的升高而膨胀，从而导致型腔变得大于初始尺寸。型腔膨胀可帮助补偿冷却过程中的零件收缩，这可使实际收缩小于预期(不考虑模具热膨胀)。如果使用此分析,则要确保已选中适当的模具材料,且需要定义模具材料的热膨胀系数。

2.4.4 问题探讨

(1) 如何创建一个异形水路(非圆弧水路、空间环绕水路等)?
(2) 如何创建一个隔水板水路?
(3) 如何创建喷水管水路?

2.4.5 任务拓展

导入"2.4.5.udm"灯罩模型,如图 2-125 所示,设置冷却水路并完成冷却分析计算。

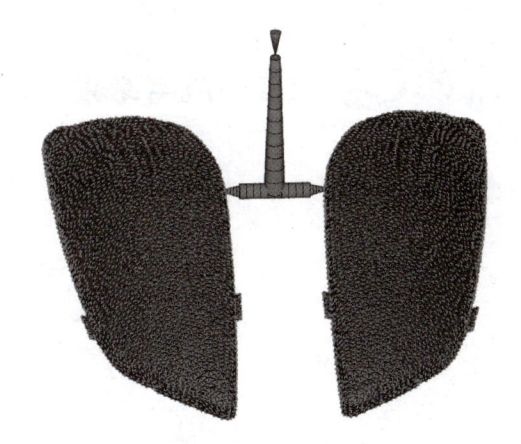

图 2-125 灯罩模型

项目三　分析结果解读与注塑缺陷分析

项目描述

主要学习报告生成与结果解读及注塑缺陷解读。

任务 3.1　报告生成与结果解读

知识点

◎掌握 Moldflow 报告生成方法
◎掌握分析结果的含义。

技能点

◎制作标准模流分析报告，会抓图，并写必要的说明。
◎从结果中解读信息，指导模具设计与调试。

素养点

◎具备节约意识、环保意识、生态意识和社会责任感。
◎具备尊重客户、与客户正确沟通的客户意识和职业道德。

任务描述

◎生成分析报告，调整分析报告与添加说明。

3.1.1　任务实施

1. 打开工程

单击"打开工程"，打开"3-01.mpi"，在工程管理窗口中显示名为"遥控器面盖"的工程；双击 遥控器面盖（C+F+P+W）-手动 图标，在模型显示区域中显示如图 3-1 所示的遥控器面盖模型；在方案任务窗口中显示了冷却、

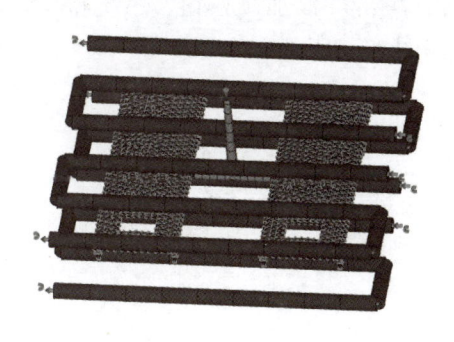

充填、保压和翘曲分析结果，如图 3-2 所示。

图 3-1　遥控器面盖模型　　　　　　　　图 3-2　方案任务

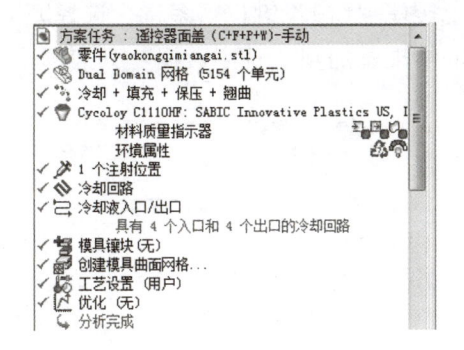

2. 生成报告

（1）为了使输出的报告结果显示清楚，在生成报告之前，取消"层"窗口中选中的"冷却系统"复选框，关闭层管理窗口的"冷却系统"层，如图 3-3 所示。

图 3-3　关闭"冷却系统"层

（2）执行"主页"→"报告"→"报告向导"命令，系统弹出"报告生成向导"，对话框的第 2 页如图 3-4 所示。

图 3-4　"报告生成向导"对话框第 2 页

项目三　分析结果解读与注塑缺陷分析　101

（3）在"可用数据"列表框中选择用户所需要的结果。单击结果中的选项，或者按住"Ctrl"键进行多选，选择完毕后，单击"添加"按钮，系统将用户选择的结果添加到"选中数据"列表框中，如图 3-5 所示。

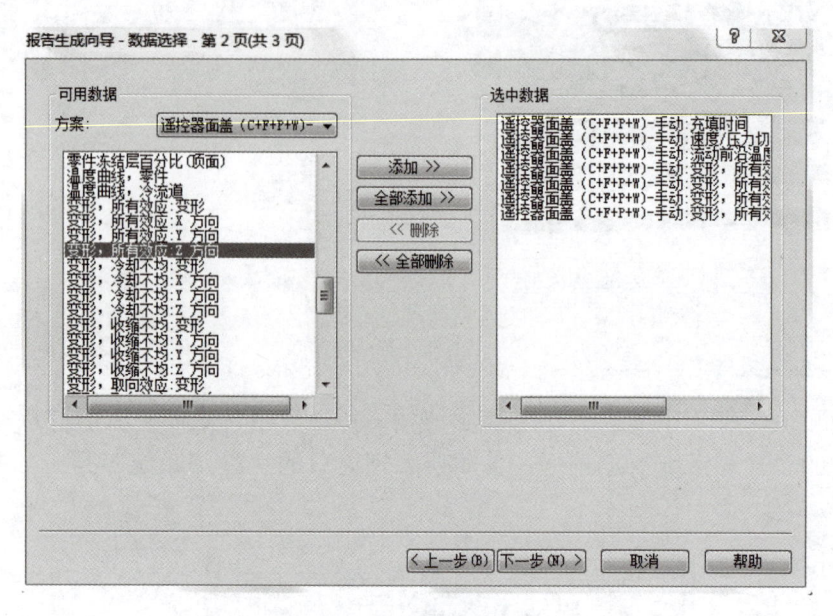

图 3-5 添加结果

用户也可以通过"删除"命令将已经选择的结果删除。

（4）单击"下一步"按钮，进入"报告生成向导"对话框第 3 页，如图 3-6 所示。

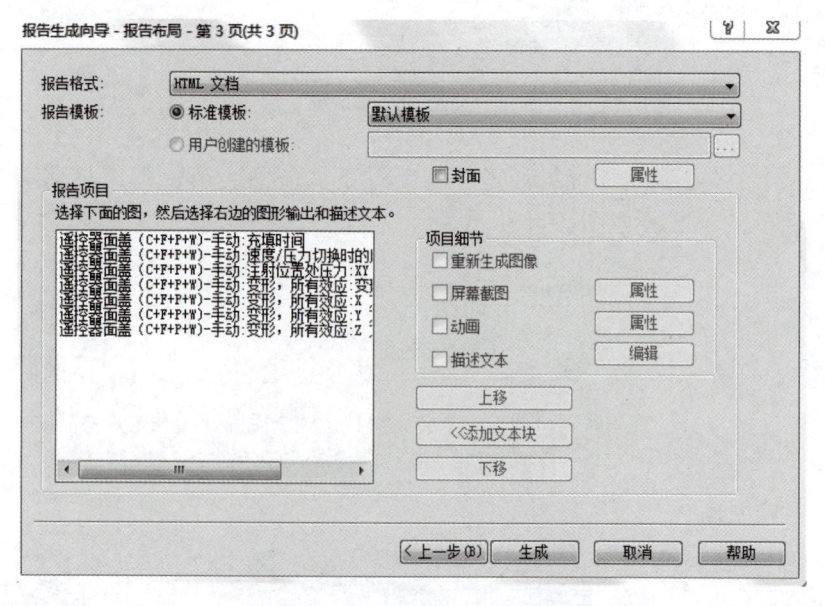

图 3-6 "报告生成向导"对话框第 3 页

第 3 页主要定义报告的输出效果。报告格式有 3 种，分别为 HTML 文档、Microsoft Word 文档和 Microsof PowerPoint 演示，"报告模板"可以采用标准默认模板或空白报告/文档。

（5）本列采用 HTML 文档报告格式。选中"封面"复选框，单击"属性"按钮，弹出"封面属性"对话框，用户可以填写相关信息，如图 3-7 所示。单击"确定"按钮，返回到图 3-6 中。

图 3-7　封面属性对话框

（6）在"报告项目"列表框中选择充填时间，用户可以定义图像输出参数、动画及描述文本，如图 3-8 所示。

图 3-8　定义项目细则

项目三　分析结果解读与注塑缺陷分析

(7) 单击"屏幕截图"复选框右边的"属性"按钮,弹出"屏幕截图属性"对话框,如图 3-9 所示,用户可以根据需要设置图像格式、图像尺寸和图像的旋转角度等。

(8) 单击"动画"复选框右边的"属性"按钮,弹出"动画属性"对话框,如图 3-10 所示,用户可以根据需要设置动画格式、动画尺寸和动画的旋转角度等。

图 3-9　屏幕截图属性对话框　　　　图 3-10　动画属性对话框

(9) 单击"文本"按钮,可以修改文本块的名称,以及要以文本说明的内容,注意,文本添加后位于最下面,可以通过"上移"和"下移"命令调整位置。

(10) 单击"确定"按钮,返回到"报告生成向导"对话框第 3 页,单击"生成"按钮,完成报告的制作。报告第一页如图 3-11 所示,显示用户所定义的工程名称、制作人等信息。

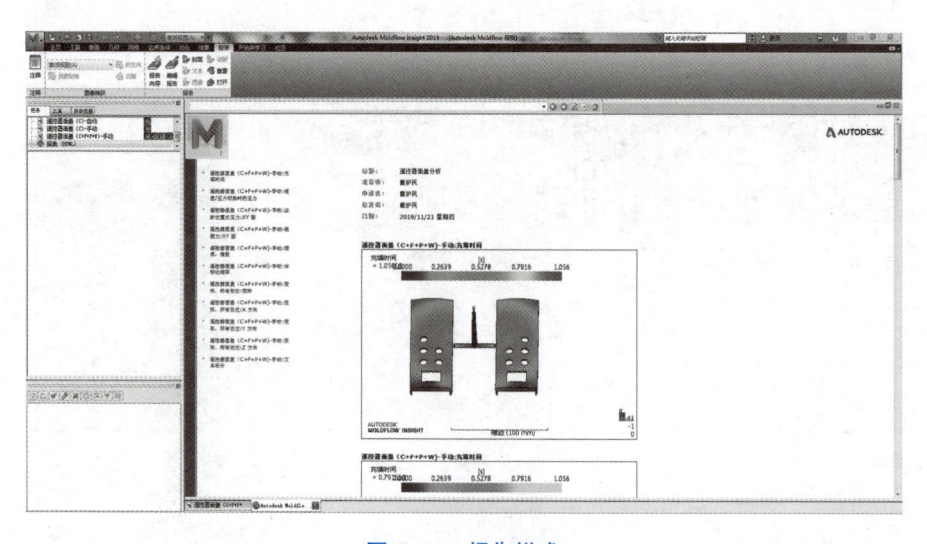

图 3-11　报告样式

(11) 在工程文件夹 C:\...\My AMI 2019 Projects \ 3-01 \ report 中出现了 "report" 文件，打开 "report" 文件夹，只需双击 "report.html" 文件即可，如图 3-12 所示，分析报告即以网页形式打开，如图 3-13 所示。

图 3-12　分析报告文件夹

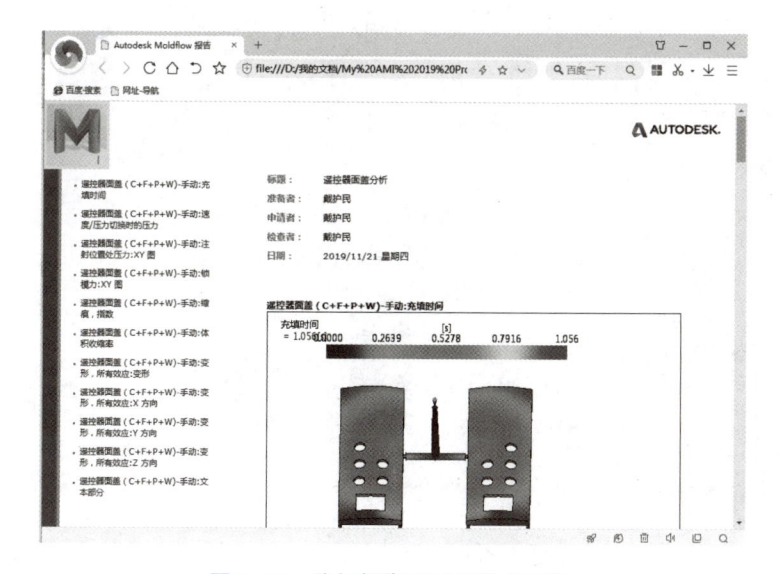

图 3-13　分析报告以网页形式打开

分析报告

观看本操作视频，请扫描二维码 E3-1。

项目三　分析结果解读与注塑缺陷分析

3. 分析报告选项设置

在报告生成后可以继续进行报告的编辑、封面修改等操作，如图 3-14 所示。

(1) 报告向导：采用向导创建报告非常方便，用户根据向导提示流程，逐一添加信息即可生成分析结果报告。

(2) 封面：用户完成报告创建之后，封面可以进行修改。

(3) 文本：该选项用于给报告添加文本信息。选择"添加文本框"命令，在弹出的"添加文本块"对话框中输入描述文本，如图 3-15 所示。单击"确定"按钮，在报告的最后部分出现了文本块信息。

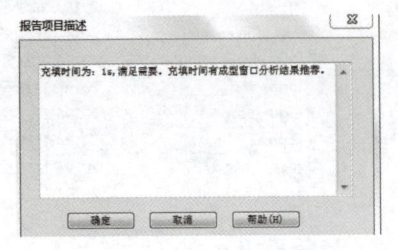

图 3-14　报告菜单　　　　图 3-15　报告项目描述

(4) 编辑报告：用于用户在已存在的报告中，添加或删除分析结果及其他相关信息。选择"编辑报告"命令，进入报告向导第 1 页，用户根据所需修改相关信息。

(5) 添加图像：单击"图像属性"，进入"屏幕截图属性"对话框，如图 3-16 所示。如果点选"使用现有图像"，用户需要选择方案 3-01 中"report"目录下的一个分析结果的图像（本例选择"变形，所有效应变形"结果图片），再单击"确定"按钮，报告最后生成图 3-17 所示图像；如果使用"生成图像"，则按照图像尺寸要求进行屏幕截图，单击"确定"按钮。再次单击"确定"按钮，在报告的最后位置生成添加的图像。

分析报告

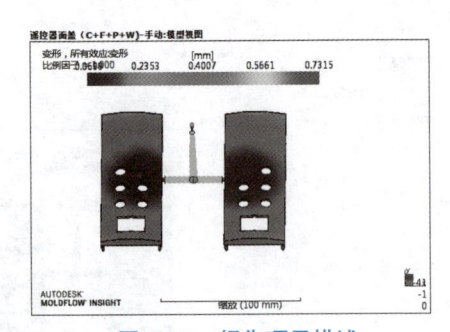

图 3-16　报告菜单　　　　图 3-17　报告项目描述

(6) 打开：选择该命令，报告以网页形式打开。

(7) 查看：选择该命令，报告在模型视区内打开。

观看本操作视频，请扫描二维码 E3-2。

3.1.2 填写"课程任务报告"

课程任务报告

班级		姓名		学号		成绩	
组别		任务名称	报告生成与结果解读			参考课时	2课时
任务要求		1. 掌握模流分析报告生成方法，掌握分析结果的含义。 2. 制作标准模流分析报告，会抓图，写必要的说明。 3. 从结果中解读信息，指导模具设计与调试。					
任务完成过程记录		总结的过程按照任务的要求进行，如果位置不够则加附页（可根据实际情况，适当安排拓展任务供同学分组讨论学习，此时以拓展训练内容的完成过程进行记录）。					

项目三　分析结果解读与注塑缺陷分析

3.1.3 知识学习

1. 流动分析（充填+保压）结果解读

1）充填时间

填充时间以云图和动画方式显示每一时刻的熔体流动路径、前锋位置，以及各区域填充的时间和先后顺序。在默认设置下，最先填充区域（浇口附近）呈现深蓝色，最后填充区域呈现红色。

一个较好填充产品的流动是平衡的，所有流动路径同时填充结束，即料流前锋同时到达模腔的每个末端，每条流动路径末端的颜色应该一致。

如果用等值线表示填充时间，等值线的间距对应熔料的流动速率，间距疏松则表明流速较快、流动顺畅，间距致密则表明流速较慢、流动受阻。如果薄壁区在熔体完全填充完毕之前就凝固了，滞流就可能导致短射。

短射：短射区在充填时间图上表现为透明（产品的本色）。3D分析可以形象地观察到产品内部未填充区域的状态。

滞流：等值线致密区可能发生滞留。如果流动前锋凝固，则会导致短射。

过保压：如果某条流动路径上的熔体填充比其他路径早完成，就会出现过保压。过保压可能导致产品翘曲和密度不均。

气穴：在填充时间上叠加气穴信息可以进一步预测气穴位置。

跑道效应：跑道效应可能会诱发气穴和熔接线。

2）速度/压力切换时的压力

V/P切换点的压力信息由流动分析产生，它表明从速度控制转到压力控制瞬间，流动路径上的压力分布。

填充开始时，模具内任何区域压力均为0（或一个绝对大气压），只有当熔体前锋到达这个位置时，压力才开始增加。随着流长的增加，压力值也不断增加，最大压力产生在注射位置，最小压力在充填过程中的熔体前锋。压力大小决定于模具内熔料流动的阻力，高黏性材料需要更高的压力来填充模腔，模具内的薄壁区域、小截面的流道以及较长的流长都需要更高的压力。

充填阶段压力分布变化大显示为紧密排列的等高线，应该避免出现这样的情况。大多数注射成型需要100~150 MPa或稍低的注射压力。

保压阶段压力变化会影响到体积收缩，模腔内的压力变化应尽量缓慢。

3）流动前沿温度

流动前沿温度是指熔体前沿到达指定点时塑胶截面中心的温度。填充阶段，流动前沿温度变化不应该超过2~5 ℃。温度变化大表示注射时间太短，或这些区域发生了滞流。如果产品薄壁区域的流动前沿温度太低，滞流就有可能导致短射。如果某些区域的流动前沿温度上升了好几度，则可能发生材料裂解和外观缺陷。

充填阶段的流动前沿温度变化应该尽量小，分布应尽量均匀，温差越小，问题越少。

如何改善流动前沿温度，见表3-1。

表3-1 改善流动前沿温度的措施

问题	采用的改善措施	产生的其他问题
温度太低	缩短注射时间	可能导致浇口附近过高的剪切力，过高的剪切力会使材料裂解和产生外观缺陷
	提高熔体温度	延长了成型周期，导致材料裂解
	提高模温	延长了成型周期
	增加部分前沿的壁厚，以改善流动	导致功能设计问题和成本增加
	移动浇口位置，使其远离发生滞流的区域	导致别的区域发生滞流
温度太高	延长注射时间	导致发生滞流

4) 总体温度

在整个注塑周期中，熔体的温度不仅随时间和位置变化，而且也沿制品壁厚方向变化。想在单一绘图中同时展示这些变化是困难的，所以，用壁厚方向加权的平均温度来描述注塑过程中熔体和产品的体积温度分布及其变化熔融塑料流动时的体积温度要比简单的平均温度具有更深刻的物理意义，因为体积温度反映了高分子熔体在型腔内特定位置流动时的能量传递。

默认情况下，体积温度是一个随时间变化的物理量。当聚合物流动时，体积温度是一个速度加权平均温度；而在其停止流动时，体积温度是一个简单的温度平均值。

对每个单元而言，在随时间变化的体积温度图上，一段平滑的曲线体现了从体积温度到平均温度的转换。模具设计时希望填充阶段有均匀的体积温度分布。

总体温度是检查流动分布的一个很好的途径。典型情况下，熔体持续流动区域会有一个较高的总体温度，而当流动停止或者减慢时，总体温度会迅速下降。

在总体温度的等值线图或彩色云图上可以显示热点（即高温）区域，热点区域是由填充时过多的剪切热造成的。

如果总体温度接近材料的降解温度，就需要考虑重新设计过热区域的几何结构或者改变成型参数。

总体温度差异过大也会导致收缩不均和翘曲。

项目三　分析结果解读与注塑缺陷分析　　109

5）体积剪切速率

体积剪切速率由中性面和双层面流动分析产生，表示流动路径上任一截面的剪切速率大小。体积剪切速率是熔/固界面剪切应力、材料流动性和每一时刻流动路径截面积的函数。

体积剪切速率用来表示塑料在流动时每层相互作用的速度的快慢程度，如果这个过程太快的话，那么塑料的分子链会遭到破坏致使材料裂解。

体积剪切速率的结果不能超过材料库中给出的材料剪切速率的极限值，若超出这个值材料很可能发生裂解。

同温度一样，剪切速率在壁厚方向上的变化也很大。体积剪切速率能很好地概括充填阶段的剪切速率分布。相比于体积温度，体积剪切速率不是一个剪切速率在厚度方向上的平均或者加权平均，因为剪切速率在产品厚度方向上的变化很大，平均或者加权平均的计算方式将是不合适的。

（1）在壁厚较薄的区域或在熔体填充末端，适当增加局部壁厚可以降低剪切应力。

（2）降低注射速度可以降低熔体温度、增加熔体黏度，从而降低剪切速率。

（3）改用一个较低黏度的材料或者增加注射温度均可降低剪切应力。

6）注射位置处的压力

注射位置处的压力由中性面、双层面和芯片封装流动分析产生，用二维的 XY 曲线图表示，它给出了在填充和保压阶段不同时刻的压力值。

压力突变通常表征熔体充模的不平衡。注射位置处的压力信息主要用来检查注射位置处是否存在压力突变现象。如果熔体的不平衡流动出现在模腔内，则一般可以通过改变浇口位置来修复这个问题。

注射位置处压力绘图也可以用来观察 V/P 切换时的压力变化。

7）顶出时的体积收缩率

体积收缩结果显示出每个区域的体积收缩占到这个区域原始体积的百分比。从产品顶出时到被冷却到参考环境温度（25 ℃），顶出时的体积收缩表现为局部体积的下降。

一旦模穴填充满，体积收缩就开始计算，它的计算基于当前 PVT 曲线的状态和参考状态（$F=0$，$T=25$ ℃）之间的差异。由于每个单元的质量发生改变（例如，保压阶段聚合物的流动），故收缩也随着每个单元 PVT 曲线状态的改变而持续发生改变。一旦质量不变了，这个单元在进行体积收缩的计算时，当前的 PVT 状态就固定下来了。

为了得到一个较为清晰的体积收缩结果的解释，我们可以取消结果属性中的节点平均，右击结果名称，选择"属性"，在动画页面选择"帧动画"，然后在选项设置页面取消节点平均选项。

顶出时的体积收缩结果可以用来查看模型上的缩痕。为了减少翘曲，整个产品上的体积收缩应该是均匀一致的，而且它应该小于这个材料的最大许可值。

通常可以在材料库中找到材料的收缩信息。右击案任务面板上的材料，选择"详细资料（细节）"，然后会出现一个热塑性材料的对话框，选择"收缩属性"选项卡，在查看收缩区域下就会有最大收缩值。

高的体积收缩值可能表明产品有缩痕或内部有空泡，调整保压曲线可以控制体积收缩。

8）达到顶出温度的时间

对于中性面和双层面来说，到达顶出温度的时间结果表示从型腔100%充满到达顶出温度所需要的时间。如果保压和冷却阶段不能使产品完全凝固，那么那些没有凝固的点将没有结果。在3D的保压分析中，凝固时间从注射开始时算起。

理想情况下，产品的冷却应该均匀且迅速。观察产品大部区域和最后凝固区域的时间差异，如果差异很大，就要考虑在这些最后凝固的区域周围加强冷却或者重新改进产品的设计。

这个结果在判断浇口何时凝固时将会非常有用。首先放大浇口区域，选择编辑切平面工具，然后在按下鼠标左键的同时垂直地移动指针，屏幕就会显示出通过该平面的凝固时间。当浇口里面凝固时，观察并读取该截面的凝固时间，并确认产品是否能在保压结束和成型周期内完全凝固。

浇口是否是冷却过早，而模腔还未得到充分保压？如果是，则需要考虑较薄区域是否比厚区域先凝固，是否需要防止较厚区域欠保压。

只有当流道部分至少凝固50%，而产品较厚部位至少凝固80%以上时，产品方可顶出。

9）冻结层因子

冻结层因子结果将冻结层厚度显示为零件厚度的因子形式。此结果值的范围为0~1，值越高表示冻结层越厚、流阻越大以及聚合物熔体或流动层越薄。当温度降至转换温度（T_{trans}）以下时，即认为聚合物已冻结。

冻结层因子结果是中间结果，该结果的默认动画贯穿整个时间。此结果的默认范围是整个结果范围的最小值到最大值。

在填充期间，由于来自上游的热熔体会平衡模壁的热损失，因此在具有连续流的区域，冻结层应保持厚度恒定。当流动停止时，厚度方向上的热损失占主导地位，从而快速增加冻结层的厚度。

冻结层厚度对流阻具有非常显著的影响。黏度随温度的降低以指数形式增大，流动层厚度也会随冻结层厚度的增加而减小。

通常可利用流动性的定义（就像利用具有代表性的剪切速率一样）粗略地评估厚度减小的影响。流动性与零件厚度的立方成比例。零件厚度减小50%会使流动性减小到1/8（即流阻增加到原来的8倍），流道厚度减小50%会使流动性减小到 1/16。

理论上，零件会均匀冻结，而且会尽快冻结。冻结层因子结果与达到顶出温度的时间结果一起使用，以查找模具中的问题区域。

冻结层因子结果可反映零件中存在的以下问题：需要极高的压力来填充在填充阶段初期出现迟滞的零件；在出现迟滞的区域中流动层变得非常薄，会最后填充这些区域。

如果零件的"达到顶出温度的时间"值整体偏大，则可能需要采取缩短过长周期时间的常规措施，例如调整模具和熔体温度。

对于零件需要更长时间冷却的区域，说明存在热点，如果出现热点，则需要改进冷却回路设计。

10) %射出重量：XY

%射出重量用中性面和双层面流动分析产生的 XY 二维图表示，该图显示在充模分析的各个时刻，进入模腔的熔体重量（或体积）占产品总量（或模腔总容积）的百分比值。

由于进入模腔的熔体重量随时间变化，因此，在充模分析的各个时刻，通常用占产品总重百分比的形式来度量当前时刻的熔体注射量。产品总重由室温下的密度和有限元网格中定义的总体积来决定。

由%射出重量的 XY 绘图还可了解到移除保压压力是否会影响注射量，其用充模结束时的注射量与保压结束时的注射量之差表示。

11) 气穴

塑件上可能产生气穴的部位用连续封闭的细线或等值线（3D 分析）标识出来。在两股和多股汇合的料流前锋之间或料流填充末端，因空气受压缩形成气泡，从而阻碍了熔体在该处的充填，最终形成气穴。典型情况下，分析结果会在产品表面显现一个小凹坑或一个牛角印；极端情况下，压缩会使气泡温度上升到一定程度而使塑料发生降解或烧焦。

气穴通常由跑道效应、滞流效应或不均匀、非线性的流动模式造成。如果产品的流动路径是平衡的，气穴则可能由于流动路径末端的排气不良造成。

根据分析结果判断产品上气穴发生的部位及严重程度，如果气穴发生在那些外观要求不太高的部位，则气穴也可能被接受。

将气穴信息和充模时间信息结合起来，可以评价熔体充模效果，并预测真实情况下气穴可能出现的位置。

气穴分析结果可以揭示产品中可能出现的以下问题：

(1) 烧痕：如果气体在高压下绝热压缩，使得温度急剧升高而导致该处的塑料燃烧，最终会在产品表面出现烧痕。

(2) 短射：如果气穴中的气体不能排出，也不能被压缩到足以产生烧痕，那么它将可能导致短射或者在产品内留下气泡。

（3）其他表面瑕疵：尽管气穴没能导致烧痕和短射，但仍会在产品的表面留有瑕疵。

预防气穴发生，可以尝试以下这些方法：

（1）使用导流或阻流。

（2）提高注射速度来消除由合流流动前沿和迟滞产生的气穴。

（3）降低注射速度来减少由排气不畅产生的气穴，并防止出现烧焦。

（4）减小产品的壁厚差异以减小跑道效应。

（5）移动浇口位置，而使气穴出现在易于排气的区域，如分模面。如果排气针或顶杆堵塞，则会增加模具的维护成本。

12）平均速度

平均速度表示在不同时刻，模腔内熔体流动速度的平均值。其中，熔体流动速度是建立在壁厚方向上的连续函数（只考虑流动层，而不考虑凝固层）。默认情况下，平均速度是一个随时间变化的物理量，其输出值总是位于最大流速和最小流速之间。

平均速度可以用来判断高、低流速区。高、低流速区的存在意味着熔体在各区的流动不平衡。在熔体流速过高的区域，可能会出现诸如过保压或飞边等填充问题。

提示：右击方案任务面板上的平均速度选项，选择属性，就可以分别显示出 X、Y、Z 三个方向上的速度分量，并可设置箭头的大小。

结合填充时间信息，速度结果图可以帮助决定浇口位置流道尺寸和产品壁厚来获得一个平衡的流道系统设计，并观察到是否存在过保压、滞留、跑道效应、流动不平衡等现象。

13）填充末端总体温度

充填结束时的体积温度能够很好地反映充填结束时的温度分布。温度分布范围窄，表明熔体充模效果好，温度均匀；反之，则需要结合总体温度信息仔细观察熔体的充模流动情况。

14）锁模力质心

锁模中心应尽量与注射产品的质心或重心重合。为了得到正确的分析结果，必须确保模型定向正确，即开/闭模方向平行坐标系 Z 轴。

锁模中心在产品上用黑色箭头表示，黑色箭头指向开模方向。锁模（力）中心在锁模力最大时刻被记录。

锁模力中心应该位于产品（含浇注系统）质心，这样可以获得较平稳的锁模力。

锁模力的箭头应该指向开模方向。

15）锁模力：XY 图

锁模力与注射成型过程（包括充模、保压、冷却）历经的时间有关，是整个产品（包括浇注系统）在分型面上投影面积与注射压力的乘积。锁模力通常用来平衡填充和保压压力所产生的胀形力。

注射压力和投影面积决定了锁模力的大小。选择锁模力的标准是，成型制品所需最大锁模力不超过注射机额定锁模力的80%，即需要20%的安全系数。

有许多额外因素会影响锁模安全系数，例如：滑块、导柱，以及其他需要设备支承的机构（如果设计中需要这些机构，那么应该留有更高一点的锁模安全系数）。

锁模力对流道平衡、保压压力和速度/压力控制转换时间等参数非常敏感。如果稍加调整这些参数，就会使锁模力发生较大的变化，可以借助压力曲线或调整塑件壁厚来降低锁模力。

产品上压力的受限区域将很难填充，此时需检查锁模吨位是否超过规定值。单击工艺设置向导中的高级选项，选择注射机，然后打开锁模单元选项卡便会找到设备的额定锁模吨位信息。

16）流动速率：柱体

流道流动速率显示出经由流道进入模穴的熔料的总量和速率，用于优化流道系统设计。

流道流动速率信息由熔体流动的平均速率和流道的横截面积计算而得。在设计流道系统，特别是单穴多浇口产品时，这个结果信息很有用。在填充过程中，流动从喷嘴处开始，然后分到各个分流道。流动的分配根据各分流道上的流动阻力动态调整。

例如，如果某分流道上的料流前锋到达一个薄壁区域，由于流动的阻力增加，这个分流道上的流动速率会动态减小。同时，其他分流道的流动速率必然会增加而使总量守恒。根据各个分流道的流动速率与时间的二维图表，从各个分流道流过的熔体数量是可以计算出来的。当某支流道中流过的熔料数量非常少时，应该重新设置其大小或者取消。

17）填充末端冻结因子

填充末端冻结层因子结果表示填充结束时冻结层的厚度因子为0.0~1.0，值越高表示冻结层越厚（或流动层越薄）、流动阻力越大。当温度降至转换温度（T_{trans}）以下时，即认为聚合物已冻结。

在填充期间，由于来自上游的热熔体会平衡模壁的热损失，因此在具有连续流的区域，冻结层应保持厚度恒定。在流动停止后，厚度方向上的热损失在该区域中占绝对主导地位，从而导致冻结层厚度迅速增加。

冻结层因子对流阻具有非常显著的影响，即黏度随温度的降低以指数形式增大，此外，流动层厚度也会随冻结层厚度的增加而减小。

通常可利用流动性的定义（就像利用具有代表性的剪切速率一样）粗略地评估厚度减小的影响。流动性与零件厚度的立方成比例。零件厚度减小50%会使流动性减小到原来的 1/8（即流阻增加到 8 倍）。此外，流道厚度减小 50% 会使流动性减小到原来的 1/16。因此，需要极高的压力来填充在填充阶段初期出现迟滞的零件就不足为奇了。在出现迟滞的区域中流动层变得非常薄，通常会最后填充这些区域。

在注射位置和填充末端附近的冻结层因子通常非常小。填充末端的最大冻结层因子应小于 0.20~0.25，较高的值会使零件难以填满。最先填充但几乎没有后续流动的区域通常具有最高的冻结层因子。

任何零件在填充末端的冻结层因子都不应高于 0.20~0.25，较短的注射时间会减小冻结层因子。如果出现热点，则需要更改冷却回路设计。

18）第一主方向上的型腔内残余应力/第二主方向上的型腔内残余应力

第一主方向上的型腔内残余应力结果显示了产品顶出前在分子定向方向上的应力，第二主方向上的型腔内残余应力结果显示了在顶出时垂直于第一主方向上的应力。

残余应力的形成是由在填充和保压阶段产生的剪切应力而引起的，除了有流动引起的应力外，残余应力还可能是由于顶出时产品表面温度差异导致冷却速度不同而引起的压力，为了减小残余应力，应有一致的冷却。

残余应力会导致产品在使用过程中开裂，以及翘曲和变形。

该结果是从流动分析中计算得来的，描述了在顶出前产品的应力不一定会影响到顶出后产品的应力，这个结果被很好地用来作为翘曲或者应力分析的输入数据。

当该结果显示正值时，说明此处属于拉应力；显示负值时，则说明此处属于压应力。

（1）在型腔里的残余应力几乎都是正值，因为产品在顶出前一直受到模具的限制，即模具限制材料的收缩，所以应力使单元都处于拉伸状态。在产品顶出后，模具的限制应力消除，产品自行收缩。

（2）若残余应力为负值，则说明存在过保压。

（3）如果知道产品的哪一部分处于拉伸应力下、哪一部分处于压应力下，则应该查看翘曲应力结果。

19）心部取向

心部取向结果能够很好地表明分子在零件心部的取向方式，并显示整个单元的平均主对齐方向。

在中心层达到转变温度之前，每个三角形单元的心部取向都垂直于速度矢量，这是在零件心部区域最可能的取向。其他可能的取向在速度矢量的方向上。

在没有严谨的纤维取向分析的情况下，心部取向能够很好地表明在使用纤维填充材料时分子或纤维将如何取向。心部取向的方向与流动方向相垂直。

零件的线性收缩也取决于心部取向。对于未填充的聚合物，表层（流动）

取向方向的收缩大于型芯（横向）取向方向的收缩。但是，使用纤维填充聚合物时的情形可能相反，因为表层取向方向纤维的收缩和刚度较低。

检查心部取向的方向，如果纤维取向不正确，则可能需要进行纤维取向分析。

20）表层取向

表层取向信息由中性面和双层面流动分析产生，默认情况下，该信息用小线段走向与分布代表分子和纤维取向。

表层取向的方向由熔体前锋到达该处时的速度方向决定，一般与流动方向一致。在评估一个产品的机械特性时，表层取向非常有用。例如，冲击强度在垂直表层取向方向上通常会高一些。当使用含玻纤填充的材料时，平行表层取向方向上的拉伸强度会高一些。表层取向的方向通常代表强度的方向。对于要承受冲击和拉力的塑料产品，浇口设计要使分子的表层取向在承受冲击和拉力的方向。

产品的线性收缩也依赖于它的表层取向方向。对于没有填充料的聚合物，流动方向的收缩要大于垂直流动方向的收缩。然而，当使用含玻纤的材料时，情况会相反，因为玻纤在流动方向有较低的收缩和较高的硬度。

通过表层取向信息，可以发现：流动不平衡、定向不均。

注意：通过玻纤分析可以获得玻纤取向的更精确的预测结果。

21）压力

压力由填充分析产生，它表明熔体流动路径上的压力分布与变化。

在熔体填充之前，模腔内任意一点的压力为零（或者 1 个大气压），只有当熔料前锋到达某已知位置时，该位置处才会有压力存在。一旦熔料前锋流过，该位置上的压力就会持续增长，因为后续料流必须不断传递更高的驱动力来迫使熔料前锋克服流动路径上的阻力继续前进。

一个位置与另一个位置之间的压力差通常是填充阶段推动熔融聚合物向前流动的推动力压力，梯度用压力差除以在这两个位置之间的距离表示，聚合物熔体总是朝负压力梯度（压力降低）方向流动，这与水从较高的地方流向较低的地方类似。因此，最大压力值通常出现在浇口处，而最小压力值通常是在熔料前锋。

压力（或者压力梯度）的大小取决于熔体在模腔内的流动阻力，因为高黏性的熔体通常需要更高的压力来推动其充模。模腔内的一些受限区（例如：薄壁区或截面较小的流动区）与长流动路径都需要有更大的压力梯度和压力来保证熔体填充。

压力是一个随时间变化的物理信息，可以用动画显示熔体充模过程中压力的变化与分布。

通常，喷嘴处的最大注射压力大约是 200 MPa。如果没有建立浇注系统模型，建议模腔进料口的压力设置成 100 MPa；如果建立了浇注系统模型，则浇注系统入口的压力可设置到 200 MPa（或者设置成注射机所能达到的最大注射压力）。

一般情况下，作用在注射机螺杆上的最大液压力大致为 20 MPa。由于喷嘴孔的截面积很小，于是当熔体流经喷嘴孔时，会获得一个 8~15 倍的增压比。因此，喷嘴处的压力通常可达到 160~300 MPa，而其中 200 MPa 仅仅是一个平均值。

解读压力信息的重点在于熔体填充 98% 时的压力值，而不是填充 100% 时的压力值，因为后者信息可能是错误的。压力值的计算模式有 Moldflow 计算模式，其会依次求出每个节点的流动值，这意味着最后填充的仅是一个节点而现实中是剩下的区域（由若干节点组成）同时被熔体填充，这将会影响到填充结束时的压力分布和流动角度的计算。因为若按 100% 填充计算，则最后必然是流向一点。但计算模式的连贯性通常不会影响早一些的计算结果，例如填充 98%。在填充结束时，流动路径末端（即最后填充处）的压力应该为零。

一般有浇注系统的最大注射压力应小于 100 MPa，无浇注系统的最大注射压力（指作用在模腔进料口的压力）应小于 70 MPa。

22）填充末端压力

填充结束时的压力信息是一个瞬间静态信息，它显示填充结束时整个产品的压力分布，同时也可反映填充阶段产品能够获得的最大压力。

填充结束时各流动路径末端的压力应该为零。

在填充阶段，如果图形显示有间距密集的等高线区，则表明该区压力变化较大，应该尽量避免。

为改善由于压力过高导致的潜流和过保压问题，可尝试以下途径：

（1）在有问题的区域改变浇口位置或增加浇口。浇口的位置和个数取决于产品几何形状、材料特性和工艺条件。

（2）浇口的布局应该能提供一个平衡的流动模式和均匀的压力分布。

（3）尽量避免将浇口放在靠近薄壁区的地方，这会导致先填充区域发生滞流和过保压。

（4）改变产品几何形状。如果改变浇口位置不能降低注塑压力，则可能需要重新设计产品来增加壁厚。一个复杂的薄壁零件由于需要很高的注塑压力，故可能会导致充填困难。

（5）选择另外一种材料。较低黏度的材料所需的注塑压力也较低。增加料温能降低熔体黏度，这样可减少填充模穴所需的注塑压力。

（6）考虑有以下问题的区域：滞流、高注塑压力导致的过保压、收缩处。

23）推荐的螺杆速度：XY 图

推荐螺杆推进速度信息以 XY 图的形式给出，其中 X 轴表示注射熔体的体积，Y 轴表示螺杆推进的相对速度。螺杆的推进速度应使熔体流动前沿速度保持稳定或恒定。

产品的翘曲通常与填充阶段熔体流动前沿的速度变化有关，呈喷泉流动的熔体前沿速度越高，表面应力和分子取向程度也就越高。

推荐的螺杆速度使熔体前沿在整个填充阶段保持一个稳定的前进速度。事实上，Moldflow 会根据每一瞬间流动前沿的截面积计算螺杆推进速度，流动前沿截面积越大，所需的螺杆推进速度也越大。

闭环系统控制器可以自动调节螺杆推进速度，从而改善应力分布，减小制件翘曲。通常使用推荐的注射曲线（即由注射体积和螺杆推进速度构成的曲线）来保持流动前沿的速度稳定。

提示：推荐的螺杆速度信息也可在日志文件中找到，只是日志文件中的螺杆推进速度是以二维表的形式给出。

24）壁上剪切应力

壁上剪切应力也称为熔—固界面处的剪切压力，表示塑料熔融层和凝固层交界面上的剪切应力，这是一个中间结果值，默认情况下填充阶段一共会记录20 个这样的结果，而且与材料库中提供的规定值相关。

通过熔—固界面处的剪切压力信息可以了解熔—固界面附近的分子取向程度，其中，固相可能是模腔壁，也可能是先期凝固的塑料层已取向的分子比未取向的分子有更高的收缩，所以靠近熔融边界的大量已取向分子相对于产品中心有更高的残余应力，高的残余应力可能会导致产品在顶出或使用中开裂。

熔—固界面处的剪切压力是单位面积上液态和固态交界面上的剪切力，它与每个位置上的压力梯度成正比。根据黏性流体流动公式，在流道中心或产品中心面上，流体的流动梯度为零，并以此为基础朝熔—固界面方向呈近似线性的增加，所以产品表层的剪切应力在任何截面上都是最大的。

剪切应力应该小于材料库中注射材料的最大推荐值。在塑件被顶出或使用过程中，超过剪切应力最大值的区域可能会破裂。

25）缩痕指数

缩痕指数反映了产品上缩痕（或空泡）存在的可能性和位置。

缩痕指数显示了由于较热区域引起的潜在收缩。在保压阶段，当局部压力降到零时的瞬间，它会计算每个节点单元，然后反映出有多少材料仍处于熔融状态，以及还剩下多少未保压。高缩痕指数值表明高的潜在收缩，但并不仅仅是收缩导致了基于几何特征的缩痕。

缩痕指数反映了材料、产品形状、相对浇口的位置及模具填充条件等因素对缩痕深度的影响程度，改变其中任何一个因素都可以决定缩痕的重新分布。通常，如果筋的厚度小于或等于主壁厚的 60%，那么可能就不会有明显缩痕。

由于设计的需要，去除或减少这些缩痕是不可能的，可以加些设计特征，如在有缩痕的区域加纹路设法去掩盖它。

鉴别出产品上的缩痕后,可以考虑采用以下方法去除它。

(1) 改变产品设计避免厚壁区域,减少凸起的厚度或者用设计的方法来掩盖缩痕,增加保压压力/保压时间。

(2) 移动浇口位置到厚壁区域或靠近厚壁区域,这可以让这些区域在较薄区域凝固之前得到充分保压。

(3) 降低料温和模温。

(4) 使用黏度较低的材料。

26) 料流量

料流量表明塑胶流经浇注系统每个网格单元的总体积量。

料流量主要用来检查多浇口或多模穴设计的流动平衡问题。料流量将会给出流经浇注系统每个网格单元的材料体积,通常离喷嘴近的体积大,而远离注射点的则较小。

这个结果应该显示为一个一致或均匀的图案,表面模腔内的流动是平衡的,只有当模型中有流道系统时,才会产生这个结果。

27) 体积收缩率

体积收缩率显示出每个节点的体积收缩占到这个节点的原始体积的百分比。从产品被顶出到被冷却到参考环境温度(25 ℃),体积收缩表现为局部密度的上升。

一旦模穴被填充满,体积收缩就开始计算。它的计算基于当前 PVT 曲线的状态和参考状态($P=0$,$T=25$ ℃)之间的差异。由于每个单元的质量发生改变(例如,保压阶段聚合物的流动),故收缩也随着每个单元 PVT 曲线状态的改变而持续发生改变。一旦质量不变了,这个单元在进行体积收缩的计算时,当前的 PVT 状态相对于参考状态也就固定不变了。

为了得到一个较为清晰的体积收缩结果的解释,可以取消结果属性中的节点平均选项,即右击结果名称,选择"属性",在"动画"页面选择"帧动画",然后在选项中设置"页面取消节点平均"。

顶出时的体积收缩结果可以用来查看模型上的缩痕。为了减少翘曲,整个产品上的体积收缩应该是均匀一致的,而且它应该小于这个材料的最大许可值。

通常可以在材料库中找到材料的收缩信息。右击方案任务面板上的"材料",在选择"细则"选项,然后会出现一个热塑性材料的对话框,选择"收缩属性"选项卡,在查看收缩区域下就会有最大收缩值。

高的体积收缩值可能表明产品有缩痕或内部有空泡。

调整保压曲线可以控制体积收缩。

局部区域的高体积收缩可能使产品在冷却时出现中空和缩痕。

最后检验尺寸大小是否在该材料期望的范围内。

对于在各个方向都是各向异性的材料来说,当体积收缩在各个方向都是均匀分布时，线性收缩=(1/3) 体积收缩。此值被认为是一个上限值。

对于断面是各向异性的材料来说，平行方向的收缩+2×垂直方向的收缩=体积收缩。

如果产品结构类似于壳状（这也是大多数注射成型产品的结构形态），那么我们就可以认为它在厚度方向的收缩要大于在平面上的收缩。这也意味着厚度方向的体积收缩可以大于总体积收缩的 1/3，同时平面内的体积收缩应小于总体积收缩的 1/3。其原因为，有许多模具的特征限制了其在平面内的收缩，而且如果材料中含玻纤，则在平面方向的玻纤取向将会限制这个方向的体积收缩。因此，为了达到这个体积收缩，更多的体积收缩将会发生在厚度方向，因为通常情况下这个方向相对来讲没有限制。

整个产品上的体积收缩值都应该均匀，对于材料来说，有一个很好的保压很重要，即应使用保压曲线来使收缩更为均匀。

负的体积收缩值表示膨胀而不是收缩，应避免筋上出现负值，因为这会导致顶出困难。

28）缩痕估算

缩痕估算结果会显示零件中缩痕的计算深度，并显示一个详细说明深度差异的图例。

此结果表明存在可能由表面相对面的特征导致的缩痕（和缩孔），并指出其位置。缩痕通常出现在包含较厚部分的成型物中，或者出现在与加强筋、定位柱或内圆角相对的位置。此结果不会表示由局部厚区域导致的缩痕。

注意：可以修改缩痕估算结果的属性，以显示阴影结果。

由于缩痕是外观缺陷而非结构缺陷，因此应该针对零件的外观设计规格评估该结果。通常颜色较浅和有纹理的表面往往能够使缩痕变得不明显。

结果指数表示深度受材料、零件几何形状、与注射位置的相对位置以及模具填充条件等影响的严重程度，可通过改变其中的任意一个因素来确定此因素对缩痕严重程度的影响有多大。

通常，如果加强筋的厚度小于或等于主壁部分的 60%，则很可能不会有明显缩痕。

如果无法去除或减少缩痕，则可以将其掩藏起来，这可以通过添加设计特征来完成，例如在出现缩痕的区域添加一系列锯齿。

减少缩痕方法主要有以下几种：

（1）更改零件设计，以避免某部分过厚，并减小任何与主表面相交的特征的厚度。

（2）重新定位浇口，将其移向问题区域或该区域附近，这样可以使这些部位在浇口和问题区域之间的较薄部位冻结之前进行保压。

（3）增加浇口和流道的尺寸，以延迟浇口冻结时间，这样可以将更多的材料添加到型腔中。

（4）有时降低熔体和模具温度即可，或者可以使用黏性较小的熔体。

29）流动前沿速度

流动前沿速度显示了在填充和保压阶段，在一些时刻点上每个节点上流动速度的大小。动画显示该结果时，时间也将被记录下来。对于某特定时刻的动画，可以显示为一个关于时间和穿过产品壁厚的 XY 二维图表。

流动前沿速度是一个中间数据结果，默认情况下它是一个随时间改变的动画，范围是为这个结果的最小值和最大值之间。

速度结果可以用来判断某些区域流动速率的高低。模型内的高速度值表示高的流动速率，也意味着可能出现剪切热问题。局部有高的速度值可能导致这个区域的温度快速上升、填充不平衡及保压翘曲问题。

如果塑胶流过某个区域很快，而流过另外一个区域很慢，则可能表明有填充缺陷，诸如滞流或跑道效应。在填充阶段，流速很低的区域可能有过保压。

流速变化大的区域可能存在过保压、滞流、跑道效应与流动不平衡。

30）熔接线

熔接线结果显示了两股料流前锋相遇时汇合的角度。有熔接线表明可能机构上存在薄弱处或表面瑕疵。

叠加填充时间结果，然后步进播放动画，可以查看到料流前锋怎样汇合。

熔接线这个术语通常用来表示熔接线和缝合线。熔接线和缝合线定义时的唯一区别是它们形成时的角度，熔接线的形成角度较小。熔接线可能导致结构问题，也可能使产品外观上不被接受。因此，如果可能，熔接线和缝合线应该避免。然而，当料流前锋汇合时，在一个洞周围或者有多个浇口的情况下，熔接线是不可避免的。通常可通过查看工艺条件和熔接线的形成位置来判断熔接线的质量是否较高，应避免在有强度要求或外观要求的表面上出现熔接线。

这个结果与一个自定义的汇合角度为 135°的熔接线图一样，当需要一个不同的汇合角度时，可以设置汇合角度，创建一个自定义的熔接线图。

熔接线或缝合线的质量通常会受工艺条件的影响。熔接线强度受其形成时的温度和压力影响，典型情况下，熔接线形成时，那个区域的温度相比于注射温度下降不应该超过 20 ℃。

当需要检查熔接线形成的工艺条件时，可以改变熔接线属性。

当需要移动熔接线时，可以改变填充模式，使料流前锋汇合在另外一个地方，以改变浇口位置或改变产品厚度。

当需要改善熔接线质量时，可提高料温、注射速度或保压压力，这样会使料流前锋结合得更好；增加浇口或流道的尺寸，可使产品的保压更容易；移动浇口位置，使熔接线形成时更靠近浇口位置，熔接线形成时的波前温度将更高，保压压力也更大；移动注射位置，使料流前锋汇合时的斜度更大，让熔接线转变为缝合线；在熔接线形成的区域放置排气口，这将移除掉气穴，气穴的存在会减弱熔接线。

优化浇注系统设计，如减小流道尺寸，利用剪切热来增加熔料温度而使料流前锋保持相同的流动速率。在注塑成型工艺中，解决一个问题通常会带入其他问题，每一种选择都应该考虑到模具设计规范的方方面面。

精确的熔接线预测依赖于网格的质量。重新定义网格的质量可以改善熔接线的预测情况，特别是孔周围。这个结果可以用来识别以下问题：

（1）结构问题：产品很可能会在熔接线的地方断裂或者变形，特别是熔接线质量比较差，在产品受到应力时，这类薄弱处的问题将会更为突出。

（2）外观缺陷：熔接线会使产品表面产生线、槽、变色。如果熔接线不在关键表面（例如，工件的底面），则问题可能不是太大。

31）型腔重量

型腔重量结果显示多型腔模具中每个型腔的计算重量。

在写入结果时，型腔重量结果显示型腔的重量，它可以被制作成动画，并随时间变化，即使模型中仅有一个型腔，结果也将被写入。此结果是时间序列结果，在多个时间段写入，因此还可以创建随时间变化的 XY 图。

对于双层面和中性面模型，该结果将绘制在三角形零件单元或零件柱体上，但不包括浇注系统。

对于 3D 模型，型腔重量结果绘制在四面体单元上，因此应为型腔单元指定单元类型"零件（3D）"，零件镶件或型芯单元不包括在此结果中。浇注系统可以建模为属性类型为"热流道（3D）"或"冷流道（3D）"的柱体单元或四面体单元。在包含相同零件的多型腔模具中，每个零件的重量应该相同，如果存在差异，则表明某些零件未填充，应检查流道系统。

检查模具中每个零部件的重量并与期望重量进行比较，如果结果与期望不同，则考虑更改材料或更改设计。

2. 冷却分析结果解读

1）评估冷却系统性能的基本准则

冷却水路设计是为了在合理的均匀冷却和尽可能短的循环周期间达到一个平衡，可以接受的折中方案因产品而异。某些案例在质量上的要求高，均匀冷却最重要；而有些案例在成本上有要求，则要确定最短的循环周期。

冷却系统冷却性能参数要求见表 3-2。

表 3-2 冷却系统冷却性能参数要求

参数	常规指导值
产品下表面温度与目标模具温度间的最大温差	10 ℃

续表

参数	常规指导值
产品上表面温度与目标模具温度间的最大温差	10 ℃
产品厚度方向的最大温差	顶出时产品内外侧可接受的温度变化取决于产品的硬度和凝固层厚度。大而平的区域，如果温度改变大，而且又没有完全凝固，那么它相比那些刚性结构（与它的形状和顶出温度有关）更易翘曲
产品上下表面凝固层占到总壁厚的最小百分比	产品顶出时需要凝固的那部分壁厚取决于产品的硬度、抵抗顶出的力（和模具抛光，过保压有关）及顶出机构的设计和位置
产品平均温度与目标平均温度的最大差异	自动分析试图减小平均模穴温度，使之与 Fill Pack 分析中用到的目标模具温度的差异在 1 ℃ 以内。在一些案例中，这样的要求会需要非常长的冷却时间，以使产品完全凝固和冷却到顶出温度。通常，在工艺设置向导中设置的冷却液的入口温度和目标模具温度太接近就会导致这个问题。为了修正这个问题，就需要降低冷却温度和提高目标模具温度。冷却液与产品表面的平均温度的比较典型的差异是 10~30 ℃（模具材料 P20）
冷却液温度与水路管壁温度的最大差异	5 ℃
冷却液出口与入口的温升	2 ℃
水路压力	所需的水路压力必须在供给系统的压力范围之内，这个值通常取决于冷却液是由循环加热系统供给，还是由冷却塔供给或者自来水供给。通常，循环加热器的供应商会提供一个水压和流速的参数曲线
最大循环周期	尽可能小

2）回路冷却液温度

冷却液温度结果表示冷却环路中冷却液的温度。

冷却分析日志文件中包含了冷却液的温升变化。如果温升太大（超过 2~3 ℃），则用这个结果来决定温升最大的地方。在并联水路中，冷却液最后的温升可能会很小，但冷却液可能在冷却管路的某些区域达到一个很高的温度值。

当冷却液流经某条线路时可能发生以下情况：冷却液温度上升；混合了温度较低的冷却液，冷却液没有贴紧管壁。在这样的案例中，最后的温度不是最高的冷却液温度。因此，在并联水路中，需要查看环路冷却液温度结果。

在查看冷却液温度结果时，注意查看：入口与出口的温升不应超过 2~3 ℃，值越高，表示模具表面的温度范围越广。

项目三　分析结果解读与注塑缺陷分析　　123

3）回路流动速率

回路流动速率结果表示冷却水路中冷却液的流动速率。

如果在准备分析时，在工艺设置向导中设置了很低的雷诺数，则需要用到这个结果。将其与水路雷诺数结果结合，即可决定冷却液流动速率是否能达到紊流。

流动速率本身不是散热的决定因素，它必须达到所要求雷诺数的最小值，且每一支路的流速都必须恒定。当查看该结果时，需要检查每条管路冷却液流动速率的总和，其要小于水泵的容量。

4）回路雷诺数

回路雷诺数结果显示出冷却回路中冷却液的雷诺数。

当达到紊流以后，再提高冷却液的流速对热交换能力的改变却很小，因此，冷却液的流速只需达到一个最小变化的理想雷诺数即可。假如输入了一个最小雷诺数，比如 10 000，那么就可以通过该结果来检查是否变化最小，即不要以 10 000 以上的雷诺数为目标。

对于平行冷却管路，很难保证各并联水路之间的雷诺数变化最小，减小这种变化需要考虑修改冷却管路的布置。雷诺数小于 4 000 表示冷却液的流动为层流，此时的冷却效率是很低的。当冷却管道直径变化较大时，雷诺数也可能出现很大的变化，此时可以调整冷却管道的直径或者减少最小雷诺数，但要保证最小值大于 4 000。

注意：冷却产品的管路的雷诺数必须大于 4 000，以保证冷却液的流动为层流，从而有较高的冷却效率；理想的雷诺数是 10 000。

5）回路管壁温度

回路管壁温度是循环周期中的一个平均结果，它显示出冷却水路管壁的温度。

冷却管路上的温度分布应该均匀平坦，而靠近产品的那部分水路的温度会上升，这些较热的区域会加热冷却液，其加热的温度与入口温度不应超过 5 ℃。

如果在某些区域的水路温度过高，则可采取以下措施：增加冷却液流动速率；加大冷却管路，提高冷却液流速来维持雷诺数；在有较高管壁温度的区域增加水路。

6）表面温度，冷流道

"表面温度，冷流道"结果显示与模具接触的冷流道表面的周期平均温度。

使用此结果查找模具上的局部热点或冷点。

模具温度应尽可能接近分析目标温度。

检查是否存在任何热点，并且这些热点是否影响周期时间和零件翘曲。如果有热点或冷点，则可能需要调整冷却管道。

7）达到顶出温度的时间，零件

"达到顶出温度的时间，零件"结果显示了达到顶出温度所需的时间，此时间从周期起始时间起开始测量。

在测量开始时，假设材料在其熔体温度下填充到零件中。

根据模壁温度，为每个单元计算达到顶出温度所需的时间。如果特定单元的模壁温度高于顶出温度，则将在分析日志中发出警告，并且不会在这些单元上写入任何结果。

为避免收到警告，可以采取以下措施：

（1）增加周期时间，以便可以有更多时间进行冷却。

（2）如果已设计冷却回路，则降低冷却液温度。

（3）将冷却回路放置在单元未冻结的区域中。

理论上，零件应均匀冻结。对于冻结时间长的零件区域，可能说明该区域存在热点或横截面较厚。

看一下冻结模型的大部分区域和最后冻结区域的时间差，如果该差值很大，则确定是因增加壁厚还是因模具温度高而导致该问题。如果是壁很厚，则考虑重新设计零件；如果模具温度很高，则修改冷却布局以消除热点。

对于 3D 分析技术，可使用剖切平面查看零件各区域的冻结情况。

查看"达到顶出温度的时间，零件"结果时，需注意以下几方面：

（1）聚合物冻结应分布均匀。

（2）查看回路雷诺数结果，以确保各回路的雷诺数值都很高；若值低，则说明排热效率低。

（3）增加相关回路中的流动速率。

（4）若出现热点，则要尝试获得更均匀的冷却。

8）达到顶出温度的时间，冷流道

"达到顶出温度的时间，冷流道"结果显示了所有单元（包括冷流道）冻结到顶出温度所用的时间量。

在分析开始（时间零点）时，假设材料在熔体温度下填充到所有单元（包括冷流道）中。理论上，零件应均匀冻结，而且应尽快冻结。查看模型大部分区域冻结和冷流道中最后一个单元冻结之间的时间差，如果此差异较大，可考虑重新设计零件或增加最后冻结区域周围的冷却效果。

大部分零件可在流道 50% 冻结情况下顶出，厚零件可在流道 80% 冻结情况下顶出。厚塑料单元通常需要最长的冷却时间。

如果未生成此结果，则表明冷流道在冷却分析完成时仍未冻结。

检查"达到顶出温度的时间，零件"结果，以确保流道未在零件冻结前冻结。

9）最高温度，零件

基于周期平均模具表面温度["温度，零件（顶面）"和"温度，零件（底面）"结果]，并且在冷却时间结束时计算的"最高温度，零件"结果显示了零件中的最高温度。

使用"最高温度，零件"结果图来检查冷却结束时聚合物熔体温度是否低于材料的顶出温度，只有这样零件才能被成功顶出。

找出温度高于顶出温度的区域。

如果模型具有温度高于顶出温度的区域，则在发生高温的区域中以 XY 图形式创建温度曲线图，确定有多少横截面高于顶出温度。当一些横截面高于顶出温度时，则可能会存在顶出或翘曲问题。

10) 最高温度，冷流道

"最高温度，冷流道"结果显示了在冷却时间结束时计算的整个冷流道温度曲线的最高温度，该曲线以周期的平均模具表面温度（"表面温度，冷流道"结果）为基础。

使用"最高温度，冷流道"结果图来检查冷却结束时聚合物熔体温度是否低于材料的顶出温度，只有这样零件才能被成功顶出。

实体塑料单元通常需要最长的冷却时间，注意温度高于目标温度（即顶出温度）的区域。

11) 平均温度，零件

"平均温度，零件"结果是冷却结束时穿过产品厚度方向的温度曲线的平均温度，这个曲线基于整个循环周期（含开模时间）的平均模具的表面温度。

对于一个已经优化过的模具，平均温度应该在目标模具温度和顶出温度之间，通常产品平均温度的差异应该很小。平均温度很高的区域应该是产品较厚的区域或者冷却不好的区域，考虑在这些区域附近增加冷却水路。

检查冷却结束时，平均温度应在顶出温度以下，以便产品可以成功被顶出。

12) 平均温度，冷流道

"平均温度，冷流道"结果是在冷却时间结束时计算的温度曲线在整个冷流道中的平均温度，该曲线以周期（包括开合模时间）的平均模具表面温度为基础。

在某些存在厚流道的情况下，平均温度将非常高，可能高于顶出温度。这表示流道可能控制周期时间。模具的周期时间应基于零件，而非流道。

要降低流道的平均温度和冷却时间，可考虑减小流道直径。在流道周围添加冷却管道或降低冷却流道的回路中的冷却液温度也可降低平均温度。

大部分零件可在流道 50% 冻结的情况下被顶出，厚零件可在流道 80% 冻结的情况下被顶出。检查平均温度是否低于顶出温度。

13) 最高温度位置，零件

"最高温度位置，零件"结果显示了整个周期内塑料单元中的"最高温度位置，零件"结果 [相对于单元的底面侧（值=0.0）]。

对于 100% 塑料零件的均匀冷却，峰值温度的相对位置应该等于 0.5。

厚塑料单元通常需要最长的冷却时间。

检查零件是否冷却均匀或零件最高温度位置是否为 0.5。

对于使用双层面分析技术的冷却分析，向包含指定单元的表面分配值 1，向相对表面分配值 0。因此，显示的值将取决于被查看的模型侧。

14）温度曲线，零件

"温度曲线，零件"结果在冷却分析结束时生成，显示了零件从顶面到底面的温度分布。该结果可与"填充末端冻结层因子"结果结合使用。

单击 "结果"选项卡→"图形"面板→"新建图"，然后以"XY 图"形式创建"温度曲线，零件"结果。

显示图形并在零件上单击光标后，将在图上对所选单元曲线进行更新。

当周期时间很长时，整个厚度的温度变化不大；当所选的单元位于零件的最热区域中时，表明周期时间最佳；当 X 轴上零值处对应的温度最高时，曲线上的最高温度接近顶出温度。

X 轴上 -1 和 $+1$ 位置具有接近目标模具温度的相似 Y 值。X 轴显示名义厚度，对于中性面模型，-1 表示零件的底面，$+1$ 表示零件的顶面；对于双层面模型，$+1$ 表示所选的单元，-1 则表示零件另一侧上的匹配单元。Y 轴表示零件温度。

通常应使顶面和底面之间的温度差异最小化，以将翘曲降至最小程度。通过查看每个曲线上的第一个点和最后一个点，可进行此项检查。

对于模型上的不同区域，检查零件顶面和底面之间的差异是否较小，即每条曲线 X 轴上 -1 和 $+1$ 处对应的值应近似。

15）回路压力

回路压力结果通过冷却分析产生，显示一个周期内压力沿冷却回路的平均分布情况。

从入口回路压力到出口回路压力，冷却回路内的压力应保持均匀分布。通常冷却问题（如喷水管或隔水板尺寸太小）会导致冷却回路内的压力降很大。

通常可检查该结果以确定并联冷却回路中的流动方向。压力在冷却液入口处最高，在冷却液出口处最低。

注意：该结果没有考虑外部冷却管线和配件等引起的压力损失。

查看"回路压力"结果时，进行以下检查：每个回路中的冷却液压力应小于冷却液泵容量大的压力降（入口压力-出口压力）。

16）回路热去除效率

"回路热去除效率"结果表示在整个成型周期，每个冷却回路区域带走模具热量的效率，这个数量表明冷却系统的相对效率。

在大多数案例中，冷却回路冷却模具，图上的值都是正值，有最高热去除效率的区域被赋予值 1，所有其他的热去除效率用一个小于 1 的因子来表示。

在一些冷却回路加热模具的案例中，图上的值是负值。产生最高热量的区域被赋予值-1，所有其他区域用一个大于1的值表示。

"回路热去除效率"值由以下参数导出：

回路与产品之间的距离：冷却回路距产品越近，热去除效率越高。

回路雷诺数：冷却回路中的雷诺数越高，热去除效率越高。

冷却液与管道/模具壁交界面之间的温度差异：温度差异越大，热去除效率越高。

通常，各个参数之间的关系与热去除效率的关系是非线性的，所以总体关系是复杂的。除了产品与水管距离这个参数之外的，所有参数的影响结果都是独立的，并且可以用图表来查看它们对冷却效率的贡献。

"回路热去除效率"结果可以帮助识别哪些回路相比于其他回路消除了更多的热量。热去除效率接近于零的回路没有参与冷却。如果这些回路放置的区域没有热载荷，则这些回路可以取消。

如果热去除效率很低的冷却回路在一个有很高热载荷的区域，则需要采取措施来提高它的效率。那就是，修正回路系统，使之更接近于产品或者引入喷泉或隔水片式回路；或者改变回路参数，诸如流动速率或冷却液入口温度。

17）回路次要损失系数

次要损失或 K 系数是因管道中的每个弯头、折弯、T 形连接点和尺寸更改而引起的流动阻力。

在具有较长管道的大型管网中，因管道组件引起的压力损失相较于摩擦损失是次要的。在较小型管网（例如模具的冷却回路）中，可能具有许多折弯或部分带有节流阀的弯头，则这些次要损失可能是系统中出现最大压力损失的原因。次要损失通常由组件制造商经实验确定，在该组件的数据表上由损失系数 K 表示。为了获得更准确的结果，务必使用实际制造商的经验数据进行模拟，而不是使用常规数据进行模拟。

过去，对于冷却分析，软件会自动计算次要损失的近似值，然后将它们纳入模拟计算中。通过"回路次要损失系数"的结果，可以查看已计算的回路次要损失系数，并确定它们是否足够精确。如果不满意已计算的结果，则可忽略该次要损失，然后检查结果，以确保这些次要损失已忽略；或者，可以指定这些次要损失，然后使用此结果来确认指定的值已正确应用。如果具有一个复杂的分支流动区域，则可能希望仅对该单元指定次要损失，而对所有其他单元保留计算得到的近似值，然后使用此结果来验证该方法的准确性。

将此结果与"回路压力"结果和"回路流动速率"结果结合使用，可检查冷却回路设计的性能。较大的 K 系数表示较大的压力降，如果流动速率固定，则意味着较低的流动速率或较高的泵功率。

当查看"回路次要损失系数"结果时，请检查：结果是否与输入的数值或参照表中等效组件的常规数值匹配。如果选择让软件在"工艺设置向导"中"计算次要损失",则每个折弯、直径更改、回路入口/出口都应该具有一个数值。

18) 回路摩擦系数

"回路摩擦系数"用于确定管道中的摩擦损失,具体取决于该管道的砂粒粗糙度系数(e/D)和流经该管道的流体的雷诺数。

量纲为1的摩擦系数的功能行为将完全显示在莫迪图表中。莫迪图已根据经验设置,将雷诺数和管道粗糙度关联到摩擦系数。Colebrook-White 方程是莫迪图的精确数值解决方案,但 Colebrook-White 方程是一个隐性方程,无法精确求解。该方程必须迭代求解,非常耗时。由于所有其他方程都是 Colebrook-White 方程的近似,故默认使用 Swamee-Jain 方程。

该结果可在冷却结果文件夹中找到,并适用于以下情况:如果要使用管道粗糙度或流动速率进行实验,则结果直接与莫迪图进行比较,以测试该解决方案的精确度。还可以将该结果用于比较其他近似的精确程度,然后选择要在冷却分析中使用的近似。

将摩擦系数结果与压力降结果进行比较。

查看"回路摩擦系数"结果时,应检查:摩擦系数是否与莫迪图中预测的值匹配;将摩擦系数和压力结果一起比较是否有意义。

19) 温度,模具

"温度,模具"结果显示了整个周期内零件单元的模具/零件界面的模具侧的平均温度。

在冷却分析过程中使用热传导系数(HTC)。因此,零件/模具界面的模具侧将比界面的零件侧稍凉。

提示:可在工艺设置向导的高级选项中设置 HTC。

利用该结果可找出局部的热点或冷点,以及确定它们是否会影响周期时间和零件翘曲。如果有热点或冷点,则可能需要调整冷却管道或冷却液温度。

最低和最高模具温度应该在目标温度的 10 ℃ 以内(对于非结晶材料)或 5 ℃ 以内(对于半结晶材料)。该准则对于大部分模具可能都难以实现,但应该作为冷却分析的目标。模具表面上的温度变化范围越窄,模具温度变化引起翘曲和延长周期时间的可能性就越小。

"温度,模具"结果通常将比冷却液入口温度高 10~30 ℃。冷却管道的放置和模具的热传导率均会影响温度变化。如果使用自动注射 + 保压 + 冷却时间,则非常接近目标温度的冷却液温度将显著延长预测的周期时间。

使用以下结果来检查局部热点:"温度,模具(顶面)";"温度,模具(底面)";"尝试获得更均匀的冷却"。

20) 温度,零件

"温度,零件"结果显示整个周期内零件边界(零件/模具界面的零件侧)

的平均温度。

使用"模具-熔体热传导系数（HTC）值"确定该温度。

提示：可以在"工艺设置"的高级选项中设置该值。

HTC 值较低，表示聚合物和模具之间对热传导具有更大的耐力。

利用该结果可找出局部的热点或冷点，以及确定它们是否会影响周期时间和零件翘曲。如果有热点或冷点，则可能需要调整冷却管道。

零件整个顶面或底面与目标模具之间的温差不应超过 ±10 ℃。

各模具面上的温度变化应在 10 ℃ 以内，"温度，零件（顶面）"结果值不应大于入口温度 10~20 ℃。

选择 ▦（"结果"选项卡→"属性"面板→"图形属性"），显示结果后，选择"比例"选项卡并将"最大值"框缩放为较小的值，这样即可核查管壁温度。

对于 3D 模型，可使用剖切平面来查看零件内的热点或冷点。

注意：如果采用动画演示结果，则将显示整个分析过程中实体模型内的温度如何变化。

查看"温度，零件"结果时，请注意以下方面：提前冻结的区域，浇口不应比零件先冻结；热区域和冷区域；冷却模式；是否均匀分布。

21）通量，零件

"通量，零件"结果显示整个周期内通过模具/零件界面的热流的平均速率。

表面通量受"模具-熔体热传导系数（HTC）值"的影响。

提示：可以在"工艺设置"的高级选项中设置该值。

HTC 值较低，表示聚合物和模具之间对热传导具有更大的耐力。

以下分析技术支持此结果：双层面和 3D 网格。

利用该结果可找出局部的热点或冷点，以及确定它们是否会影响周期时间和零件翘曲。高热通量区域表明在模具的此部分集中了大量的热量。

如果有热点或冷点，则可能需要调整冷却管道。

3. 翘曲分析结果解读

1）变形结果

"变形结果"显示了产品上每个点的变形（翘曲或应力分析），基于最佳拟合技术，原始几何和变形后的几何以某种方式重合达到最佳拟合或者基于一个已定义好的基准面，这可以使用结果翘曲可视化工具来定义。

变形图可以预测基于默认最佳拟合技术或定义的基准面的总变形量。

如果变形值很小，则可以放大变形（不管是在轴向还是选定方向上），然后在"绘图属性"对话框的"变形"选项卡中设置放大系数。变形结果也可以通过动画播放，动画说明了产品变形前和变形后形状上的改变。各轴向变形图对评估指定方向的变形量很有用。查询结果工具特定有用，它可以查询选定点在变形前或变形后的对应坐标，而且这两个点的距离也可表现出来。

翘曲分析时可选择"孤立翘曲原因"选项，那么结果中不仅有总翘曲结果，也有引起总变形的各分立的变形结果，诸如收缩不均、取向影响、冷却均。此外，中性面和双层面分析还可以显示角落效应引起的翘曲。识别出引起翘曲的主要原因后，就可以采取不同的措施来减少总翘曲量。

2）收缩不均

影响收缩不均效应的主要方式有：设计保压曲线；减小零件厚度变化；使用模具镶件。

注意：如果先前已降低取向效应，则此时的收缩不均效应与在原始零件模型中产生的收缩不均效应可能大相径庭，因为已更改浇口位置或零件厚度等。因此，必须对该零件模型重新运行填充+保压、冷却、保压和翘曲分析。

（1）设计保压曲线：降低收缩不均时首先考虑的方法是使用保压曲线，这由机器响应时间决定，其对薄零件或者包含复杂几何形状的零件所产生的效果有限。使用保压曲线降低翘曲的优势是不涉及更改零件的设计规格。如果决定使用保压曲线来降低零件中的收缩不均效应，则必须使用降低的取向程度对该零件模型重新运行填充+保压、冷却、保压和翘曲分析。

（2）减小零件厚度变化：如果判定壁厚的改变对于降低零件的收缩不均效应可能更有用，则可继续改变所考虑区域的厚度并重新分析修改的零件模型。这可能是一个反复的过程，直至收缩不均水平可以被接受。

（3）使用模具镶件：降低收缩不均的最后替代方法是考虑使用模具镶件来降低冷却速率变化引起的收缩。同样，操作过程是修改零件，然后重新分析零件。

3）冷却不均

影响冷却不均的两种主要方式为：改变冷却管道布局和使用模具镶件。

改变冷却液温度或许是最容易的方法之一。例如，在冷却液入口温度比使用的原始入口温度高和低 5 ℃ 的情况下，另运行两次冷却分析会很有用。冷却分析的结果随后可用于单变体冷却分析，从而对零件关于冷却液温度变化的敏感度有所了解。

如果仅改变冷却液温度还不够，则可考虑在问题区域中另外添加几条冷却管道或使用模具镶件来降低整个零件内冷却速率的变化。

4）取向效应

改变取向效应的方式有若干种。

除材料的选择之外，还有三种影响取向的主要方式，即改变成型条件、浇口位置和模型厚度。

取向是由材料剪切和冻结的混合效应引起的。

（1）更改成型条件：更改成型条件（模具温度、熔体温度、注射速度等）

有可能会降低取向。与其他两种方法相比，该解决办法不需要更改模型或模具，因此是最经济的操作选项。

（2）更改浇口位置：如果更改成型条件不足以降低取向效应，则必须决定是更改浇口位置，还是改变模型厚度。

注意：更改浇口位置不会改变零件的设计规格，对于具有复杂几何形状和厚度变化的模型可能是一种更简便的操作方法。

除更改浇口位置外，对浇口进行的其他更改还包括采用末端浇注、扇形浇口（仅在 Autodesk Moldflow Insight 中可用）或多个浇口。通常无须大幅修改简单零件的几何形状即可完成所有这些更改（如果模具还没有切割）。决定采用其他浇口位置（或类型）后，即可以重新分析修改的模型，该过程可能要反复执行，直至取向程度可以被接受。

（3）更改模型厚度：如果判定壁厚的改变对于降低模型的取向效应更有用，则可继续改变所考虑区域的厚度并重新分析修改的模型。该过程可能也要反复执行，直至取向程度可以被接受。

5）角效应

翘曲是有角零件常出现的一个问题。

以下是导致拐角处发生翘曲的两个主要原因：

（1）热量增加：从零件的拐角区域吸收热量的能力较低，从而导致冷却不均匀并产生热应力。

（2）收缩不均：根据模具抑制条件，零件厚度方向上的收缩要远大于零件拐角区域的平面收缩，这会导致进一步的变形。

默认情况下，所有 Autodesk Moldflow Insight 冷却和翘曲模拟中都需要考虑热效应。如果启用了翘曲分析高级选项中的"考虑角效应"选项，则需要考虑由模具抑制条件引起的收缩不均因素。

3.1.4 问题探讨

（1）简述创建分析报告的过程。

（2）如何在结果里创建一个保持压力的路径图？

（3）在网页报告制作完成后，如何添加某个分析结果的文本说明并调整到图片下面？

3.1.5 任务拓展

根据 2.4.5 任务拓展完成的冷却分析，完成完整的冷却+充填+保压+翘曲分析计算，模型如图 3-18 所示，完成报告生成。

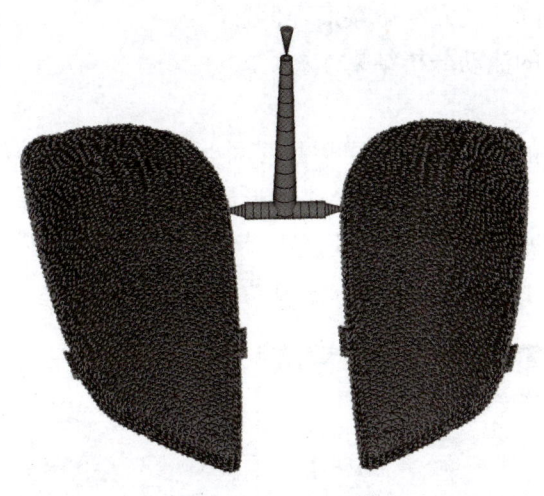

图 3-18 灯罩模型

任务 3.2　注塑缺陷解读

知识点

◎注塑缺陷的类型与主要原因分析。
◎注塑缺陷评价的模流分析指标。

技能点

◎能够通过模流分析结果解读注塑缺陷，并分析其产生的原因。
◎从结果中解读信息，指导模具设计与调试，控制缺陷的产生。

素养点

◎了解注塑缺陷在产品使用过程中的要求，提升产品设计优化意识。
◎通过注塑缺陷解读，培养质量意识和成本意识。

任务描述

◎能通过所学知识与模流分析指标，建立评价的标准，并了解注塑缺陷的类型与主要原因，以及注塑缺陷与模流分析对应的评价指标的关系。

3.2.1　任务实施

1. 流动分析结果解读

流动分析结果包括充填时间、平均压力、流动前沿温度、锁模力曲线、体积收缩率、表面沉降、气穴和熔接痕等信息。

下面介绍主要的流动分析结果。

1) 充填时间

针对前面分析的模型结果，可以用多种形式来显示充填时间。如可以以等值线形式显示结果，执行"结果"→"图形属性"命令，弹出如图 3-19 所示的"图形属性"对话框，选择"方法"选项卡，选中"等值线"，单击"确定"按钮，结果以等值线形式显示，如图 3-20 所示。

图 3-19 "图形属性"对话框　　　　图 3-20 充填模式（等值线）

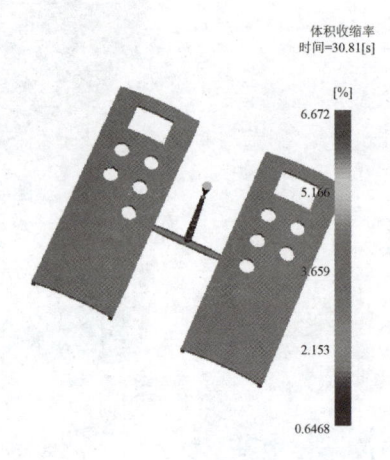

等值线密集部分表示熔体流动速度快，稀疏部分表示流动缓慢。等值线密的位置可能会产生短射。

2) 体积收缩率

体积收缩率 ☑ **顶出时的体积收缩率** 。图 3-21 显示顶出时体积收缩情况，由图可知，体积收缩较均匀，图 3-22 显示了体积收缩率结果。制品表面等值线梯度很小，表面收缩较均匀。体积收缩率的结果为越均匀越好。

图 3-21 顶出时体积收缩率　　　　图 3-22 体积收缩率

3) 浇口冷凝时间

选中☑ 冻结层因子，如图3-23所示，从动态中观察产品上冷凝层的变化情况。找出浇口冷凝时间，作为修改保压时间的参考。在图3-24中单击动画演示按钮，以动画形式演示压力动态变化过程。

图3-23　冻结层因子　　　　　图3-24　动画演示

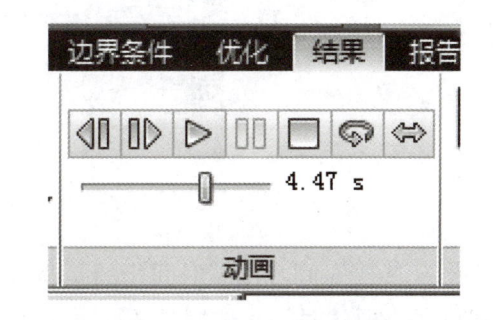

4) 冷却分析结果

冷却分析结果信息列表如图3-25所示，主要信息包括产品上表面温度、产品下表面温度、产品的温度差异、冷凝时间和水路中冷却液的雷诺数，次要信息包括水路中冷却液的流动速率、水路中冷却液的温度和水路的管壁温度等。下面介绍主要的冷却分析结果。

图3-25　冷却分析结果

(1) 模具表面温度：产品上表面温度显示的是产品与模具接触面的温度分布，所以该结果也叫作模具表面温度，其表现的是在成型周期中模具表面的平均温度。该制品的表面温度为36.35 ℃，如图3-26所示。

项目三　分析结果解读与注塑缺陷分析　135

图 3-26 模具表面温度

（2）冷凝时间：冷凝时间指的是从成型周期开始到制品完全冷却至低于顶出温度所需要的时间。该制品的冷凝时间为 5.345 s，如图 3-27 所示。

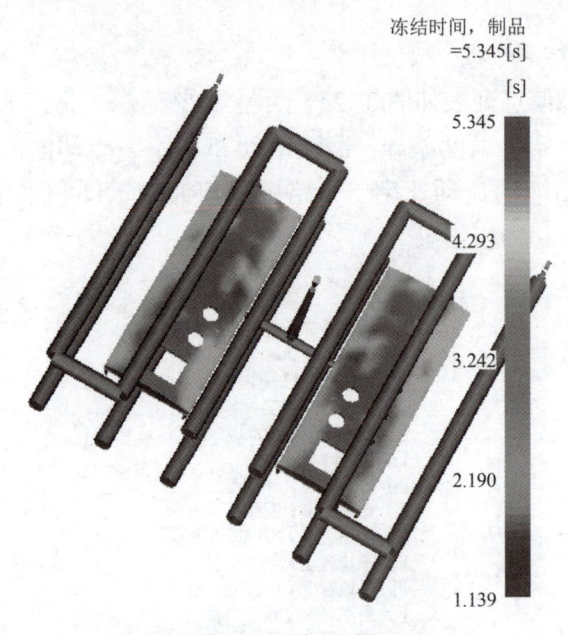

图 3-27 冷凝时间

（3）回路中冷却液的温度：回路中冷却液的温度显示冷却液在回路中的温度变化。冷却液的温度变化要均匀，温度的变化应不超过 3 ℃。本例中的冷却水温差为 0.14 ℃，如图 3-28 所示。

（4）冷却液的流动速率：冷却液的流动速率结果显示在冷却回路中冷却液的流动速率。如图 3-29 所示，流动速率为 3.387 L/min。

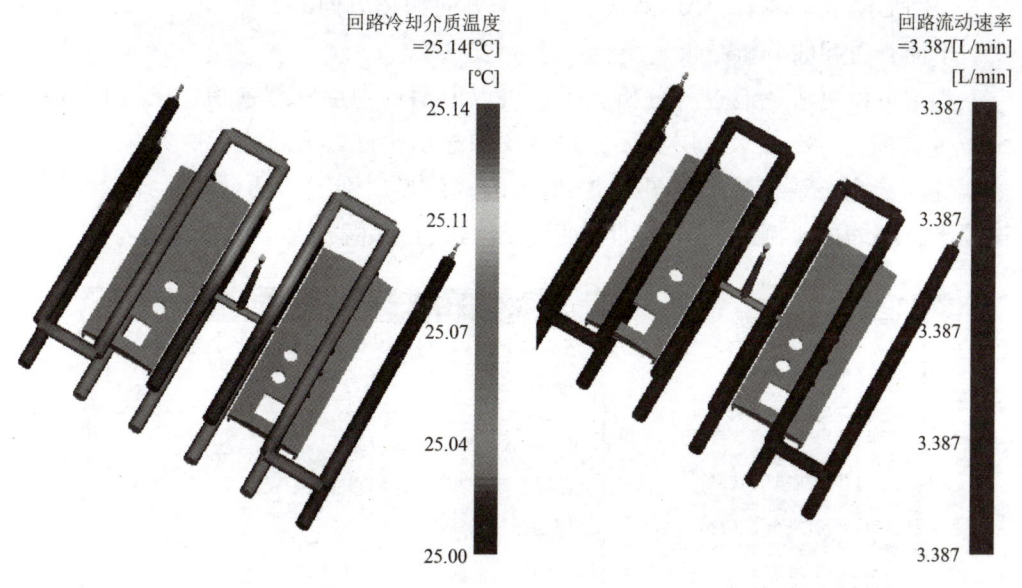

图 3-28　回路中冷却液的温度　　　　　　图 3-29　冷却液的流动速率

（5）回路的管壁温度：回路的管壁温度也叫作冷却液与管壁接触面的温度。回路的管壁温度与冷却液的入水温度相差不超过 5 ℃。该结果显示了回路所经区域的热集中情况。如果管壁温度过高，则表明该区域需要加强冷却。本例分析结果温差为 1.47 ℃，符合要求，如图 3-30 所示。

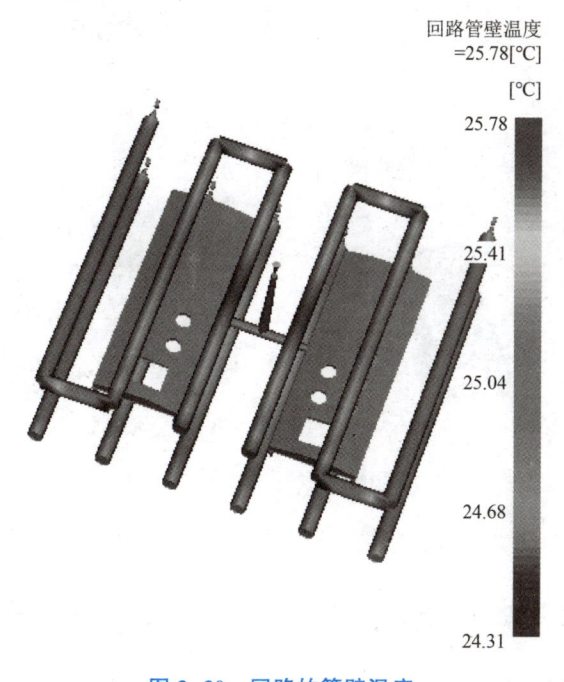

图 3-30　回路的管壁温度

Fusion 模型翘曲分析完成后，在方案任务视窗中给出四个翘曲结果，如

图3-31所示，其中有总变形及 X 方向、Y 方向和 Z 方向的变形。

下面查看翘曲分析结果。

为了可以更清楚地查看分析结果，可以取消选中层管理视窗中的"冷却系统"复选框，将冷却水管层关闭，再将图像显示比例放大：执行"结果"→"图形属性"命令，系统弹出如图3-32所示的"图形属性"对话框，选择"变形"选项卡，将缩放比例改为10，即将变形结果进行10倍放大。

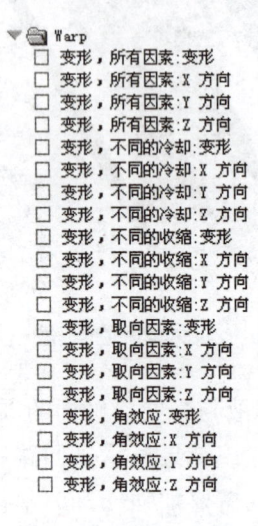

图3-31 翘曲结果

图3-32 "图形属性"对话框

产品总变形如图3-33所示，X 方向翘曲分析结果如图3-34所示。

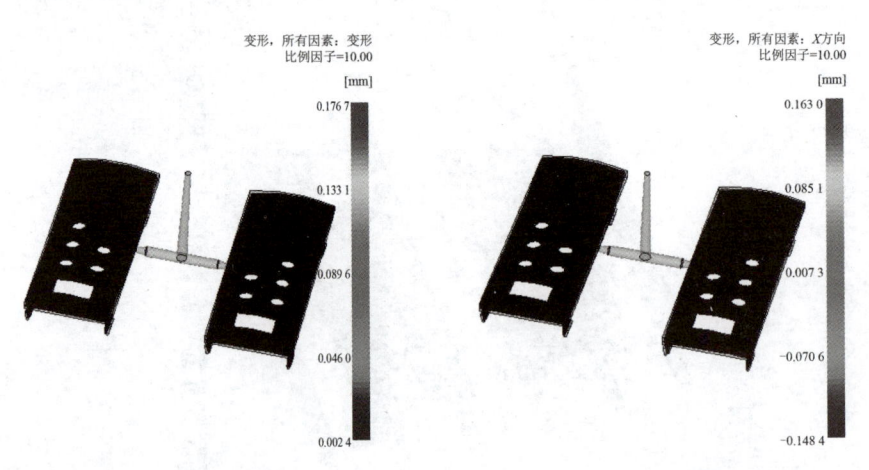

图3-33 产品总变形

图3-34 X 方向翘曲分析结果

Y 方向翘曲分析结果如图3-35所示，Z 方向翘曲分析结果如图3-36所示。

图 3-35　Y 方向翘曲分析结果　　　　图 3-36　Z 方向翘曲分析结果

翘曲分析结果显示：总体翘曲量为 0.176 7 mm，X 方向翘曲量为 0.163 0 mm，Y 方向翘曲量为 0.167 1 mm，Z 方向翘曲量为 0.052 0 mm。翘曲量越大，越影响车灯的装配。因此需要对工艺参数或者模具结构进行调整才能获得合理的翘曲量。

3.2.2　知识学习

纠正注塑的缺点。

注塑的缺点和反常现象最终于注塑制品的质量上反映出来。注塑制品缺点可分成下列几点：

（1）产品注射不足；

（2）产品溢边；

（3）产品存在凹痕和气泡；

（4）产品有接痕；

（5）产品发脆；

（6）塑料变色；

（7）产品有银丝、斑纹和流痕；

（8）产品浇口处混浊；

（9）产品翘曲和收缩；

（10）产品尺寸不准；

（11）产品粘贴模内；

（12）物料粘贴流道；

（13）喷嘴流涎。

下面一一叙述其产生的原因及克服的办法。

1. 怎样克服产品注射不足

产品注料不足往往是由于物料在未充满型腔之前即已固化，当然还有其他多种原因。

(1) 设备原因。

①料斗中断料；

②料斗缩颈部分或全部堵塞；

③加料量不够；

④加料控制系统操作不正常；

⑤注压机塑化容量太小；

⑥设备造成的注射周期反常。

(2) 塑条件原因。

①注射压力太低；

②在注射周期中注射压力损失太大；

③注射时间太短；

④注射全压时间太短；

⑤注射速率太慢；

⑥模腔内料流中断；

⑦充模速率不等；

⑧操作条件造成的注射周期反常。

(3) 温度原因。

①提高料筒温度；

②提高喷嘴温度；

③检查毫伏计、热电偶、电阻电热圈（或远红外加热装置）和加热系统；

④提高模温；

⑤检查模温控制装置。

(4) 模具原因。

①流道太小；

②浇口太小；

③喷嘴孔太小；

④浇口位置不合理；

⑤浇口数不足；

⑥冷料穴太小；

⑦排气不足；

⑧模具造成的注射周期反常。

(5) 物料原因：物料流动性太差。

2. 怎样克服产品飞边溢料

产品飞边溢料往往是由于模具的缺陷造成，其他原因有：注射力大于锁模力、物料温度太高、排气不足、加料过量、模具上沾有异物等。

(1) 模具问题。
①型腔和型芯未闭紧；
②型腔和型芯偏移；
③模板不平行；
④模板变形；
⑤模具平面落入异物；
⑥排气不足；
⑦排气孔太大；
⑧模具造成的注射周期反常。
(2) 设备问题。
①制品的投影面积超过了注压机的最大注射面积；
②注压机模板安装、调节不正确；
③模具安装不正确；
④锁模力不能保持恒定；
⑤注压机模板不平行；
⑥拉杆变形不均；
⑦设备造成的注射周期反常。
(3) 注塑条件问题。
①锁模力太低；
②注射压力太大；
③注射时间太长；
④注射过程高压力时间太长；
⑤注射速率太快；
⑥充模速率不等；
⑦模腔内料流中断；
⑧加料量控制太大；
⑨操作条件造成的注射周期反常。
(4) 温度问题。
①料筒温度太高；
②喷嘴温度太高；
③模温太高。
(5) 设备问题。
①增大注压机的塑化容量；
②使注射周期正常。
(6) 冷却条件问题。
①部件在模具内冷却时间过长；

②将制件在热水中冷却。

3. 怎样避免产品凹痕和气孔

产品凹痕产生原因通常为制品上受力不足、物料充模不足以及制品设计不合理，其常出现在与薄壁相近的厚壁部分。

气孔是由于模腔内塑料不足，外圈塑料冷却固化，内部塑料产生收缩而形成真空，也有的是由于吸湿性物料未干燥好，以及物料中残留单体及其他化合物而造成的。判断气孔产生的原因，主要观察塑料制品的气泡是在开模时的瞬时出现还是冷却后出现。如果是开模时的瞬时出现，多半是物料问题；如果是冷却后出现的，则属于模具或注塑条件问题。

（1）物料问题。

①干燥物料；

②加润滑剂；

③降低物料中的挥发物。

（2）注塑条件问题。

①增加注射量；

②提高注射压力；

③增加注射时间；

④增加全压时间；

⑤提高注射速度；

⑥增加注射周期；

⑦操作原因造成的注射周期反常。

（3）温度问题。

①物料太热造成过量收缩；

②物料太冷造成充料压实不足；

③模温太高造成模壁处物料不能很快固化；

④模温太低造成充模不足；

⑤模具有局部过热点；

⑥改变冷却方案。

（4）模具问题。

①增大浇口；

②增大分流道；

③增大主流道；

④增大喷嘴孔；

⑤改进模子排气；

⑥平衡充模速率；

⑦避免充模料流中断；

⑧浇口进料安排在制品厚壁部位；
⑨如果有可能，减少制品壁厚差异；
⑩模具造成的注射周期反常。
（5）设备问题。
①增大注压机的塑化容量；
②使注射周期正常。
（6）冷却条件问题。
①部件在模内冷却过长；
②将制件在热水中冷却。

4. 怎样防止产品接痕（拼缝线）

产品接痕通常是由于在拼缝处温度低、压力小产生的。
（1）温度问题。
①料筒温度太低；
②喷嘴温度太低；
③模温太低；
④拼缝处模温太低；
⑤塑料熔体温度不均。
（2）注塑问题。
①注射压力太低；
②注射速度太慢。
（3）模具问题。
①拼缝处排气不良；
②部件排气不良；
③分流道太小；
④浇口太小；
⑤三流道进口直径太小；
⑥喷嘴孔太小；
⑦浇口离拼缝处太远，可增加辅助浇口；
⑧制品壁厚太薄，造成过早固化；
⑨型芯偏移，造成单边薄；
⑩模具偏移，造成单边薄；
⑪制件在拼缝处太薄；
⑫充模速率不等；
⑬充模料流中断。
（4）设备问题。
①塑化容量太小；

②料筒中压力损失太大（柱塞式注压机）。
(5) 物料问题。
①物料污染；
②物料流动性太差（加润滑剂改善流动性）。

5. 怎样防止产品发脆

产品发脆的原因通常为物料在注塑过程中降解或其他原因。
(1) 注塑问题。
①料筒温度低，提高料筒温度；
②喷嘴温度低，提高喷嘴温度；
③如果物料容易热降解，则降低料筒喷嘴温度；
④提高注射速度；
⑤提高注射压力；
⑥增加注射时间；
⑦增加全压时间；
⑧模温太低，提高模温；
⑨制件内应力大，减少内应力；
⑩制件有拼缝线，设法减少或消除；
⑪螺杆转速太高，故降解物料。
(2) 模具问题。
①制品设计太薄；
②浇口太小；
③分流道太小；
④制品增加加强筋、圆内角。
(3) 物料问题。
①物料污染；
②物料未干燥好；
③物料中有挥发物；
④物料中回料太多或回料次数太多；
⑤物料强度低。
(4) 设备问题。
①塑化容量太小；
②料筒中有障碍物促使物料降解。

6. 怎样防止塑料变色

物料变色的原因通常为烧焦或降解以及其他原因。
(1) 物料问题。
①物料污染；

②物料干燥不好；
③物料中挥发物太多；
④物料降解；
⑤着色剂分解；
⑥添加剂分解。
（2）设备问题。
①设备不干净；
②物料干燥不干净；
③环境空气不干净，着色剂等飘浮在空中，沉积在料斗及其他部位上；
④热电偶失灵；
⑤温度控制系统失灵；
⑥电阻电热圈（或远红外加热装置）损坏；
⑦料筒中有障碍物促使物料降解。
（3）温度问题。
①料筒温度太高，降低料筒温度；
②喷嘴温度太高，降低喷嘴温度。
（4）注塑问题。
①降低螺杆转速；
②减小背压力；
③减小锁模力；
④降低注射压力；
⑤缩短注射压力；
⑥缩短全压时间；
⑦减慢注射速度；
⑧缩短注射周期。
（5）模具问题。
①考虑模具排气；
②加大浇口尺寸，降低剪切速率；
③加大喷嘴孔，以及主流道和分流道尺寸；
④去除模内油类及润滑剂；
⑤调换润油剂。

7. 怎样克服产品银丝与斑纹

（1）物料问题。
①物料污染；
②物料未干燥；
③物料颗粒不均。

(2) 设备问题。
①检查料筒—喷嘴流道系统有无障碍物及毛刺影响料流；
②流涎，采用弹簧喷嘴；
③设备容量不足。
(3) 注塑问题。
①物料降解，降低螺杆转速，降低背压力；
②调整注射速度；
③增大注射压力；
④加长注射时间；
⑤加长全压时间；
⑥加长注射周期。
(4) 温度问题。
①料筒温度太低或太高；
②模温太低，提高模温；
③模温不均；
④喷嘴温度太高会流涎，降低喷嘴温度。
(5) 模具问题。
①增大冷料穴；
②增大流道；
③抛光主流道、分流道、浇口；
④增大浇口尺寸或改为扇形浇口；
⑤改善排气；
⑥降低模腔表面粗糙度；
⑦清洁模腔；
⑧润滑剂过量，减少或调换润滑剂；
⑨去除模具内的露水（模具冷却造成的）；
⑩料流经过凹穴及增厚断面，修改制品设计；
⑪试用浇口局部加热。

8. 怎样克服产品浇口处混浊

产品浇口处出现斑纹和混浊，通常是由扩张注入模型时造成"熔体破碎"所致。
(1) 注塑问题。
①提高料筒温度；
②提高喷嘴温度；
③减慢注射速度；
④增大注射压力；

⑤改变注射时间；
⑥润滑剂减少或调换润滑剂。
(2) 模具问题。
①提高模具温度；
②增大浇口尺寸；
③改变浇口形状（扇形浇口）；
④增大冷料穴；
⑤增大分流道尺寸；
⑥改变浇口位置；
⑦改善排气。
(3) 物料问题。
①干燥物料；
②去除物料中的污染物。

9. 怎样克服产品翘曲与收缩

产品翘曲与过量收缩通常是由制品设计不善、浇口位置不好以及注塑条件不良所致。此外，高应力下取向也是其影响因素。

(1) 注塑问题。
①加长注射周期；
②不过量充模下增大注射压力；
③不过量充模下加长注射时间；
④不过量充模下加长全压时间；
⑤不过量充模下增加注射量；
⑥降低物料温度，以减少翘曲；
⑦使充模物料保持最小限度，以减少翘曲；
⑧使应力取向保持最小，以减少翘曲；
⑨增大注射速度；
⑩减慢顶出速度；
⑪制件退火；
⑫制件在定型架上冷却；
⑬使注射周期正常。
(2) 模具问题。
①改变浇口尺寸；
②改变浇口位置；
③增加辅助浇口；
④增加顶出面积；
⑤保持顶出均衡；

⑥要有足够的排气；
⑦增加壁厚，加强制件；
⑧增加加强筋及圆角；
⑨校对模具尺寸。

制品翘曲与过量收缩对物料和模具温度来说是一对矛盾。物料温度高，制品收缩小，但翘曲大，反之制品收缩大、翘曲小；模具温度高，制品收缩小，但翘曲大，反之制品收缩大、翘曲小。因此，必须视制品结构不同解决其主要矛盾。

10. 怎样控制产品尺寸

产品尺寸发生变化的原因有设备控制反常、注塑条件不合理、产品设计不好及物料性能有变化。

（1）模具问题。
①不合理的模具尺寸；
②制品顶出时变形；
③物料充模不均；
④充模料流中断；
⑤不合理的浇口尺寸；
⑥不合理的分流道尺寸；
⑦模具造成的注射周期反常。

（2）设备问题。
①加料系统不正常（柱塞式注压机）；
②螺杆停止作用不正常；
③螺杆转速不正常；
④背压调节不均；
⑤液压系统止回阀不正常；
⑥热电偶失灵；
⑦温度控制系统不正常；
⑧电阻电热圈（或远红外加热装置）不正常；
⑨塑化容量不足；
⑩设备造成的注射周期反常。

（3）注塑条件问题。
①模温不均；
②注射压力低，提高注射压力；
③充模不足，加长注射时间，加长全压时间；
④料筒温度太高，降低料筒温度；
⑤喷嘴温度太高，降低喷嘴温度；

⑥操作造成的注射周期反常。

(4) 物料问题。

①每批物料性能有变化；

②物料颗粒大小无规律；

③物料不干。

<u>11. 怎样防止产品粘贴模内</u>

产品粘贴于模内的主要原因是模塑不善、顶出不足、注料不足以及模具设计不正确。如果制品粘贴于模内，则注塑过程不可能正常。

(1) 模具问题。

①如果塑料粘贴于模内，则是由注料不足造成，不要采用顶出机构；

②去除倒切口（陷槽）；

③去除凿纹、刻痕以及其他的伤痕；

④改善模具表面的光滑性；

⑤抛光模具表面，动作方向应与注射方向一致；

⑥增加斜度；

⑦增加有效顶出面积；

⑧改变顶出位置；

⑨校核顶出机构的操作；

⑩在深抽芯模塑中，增强真空破坏及气压抽芯；

⑪模塑过程中检查模腔是否变形、模架是否变形，检查开模时模具是否有偏移；

⑫减小浇口尺寸；

⑬增设辅助浇口；

⑭重新安排浇口位置，减少模腔内压力；

⑮平衡多模槽的充模速率；

⑯防止注射断流；

⑰如果制件设计不善，则重新设计；

⑱克服模具造成的注塑周期反常。

(2) 注塑问题。

①增加脱模剂或改善脱模剂；

②调整物料供给量；

③降低注射压力；

④缩短注射时间；

⑤减少全压时间；

⑥降低模温；

⑦增加注射周期；

⑧克服注塑条件造成的注塑周期反常。

(3) 物料问题。

①清除物料污染；

②在物料中加润滑剂；

③干燥物料。

(4) 设备问题。

①修缮顶出机构；

②如果顶出行程不足，则加长顶出行程；

③校对模板是否平行；

④克服设备造成的注塑周期反常。

12. 怎样克服塑料粘贴流道

塑料粘贴流道的原因是注口与喷嘴圆弧接触面不良、浇口料未同制品一起脱模以及不正常的填料。通常，主流道直径要足够大，使制件脱模时浇口料仍未全部固化。

(1) 流道与模具问题。

①流道注口与喷嘴必须配偶好；

②确保喷嘴喷孔直径不大于流道注口直径；

③抛光主流道；

④增加主流道锥度；

⑤调整主流道直径；

⑥控制流道温度；

⑦增加浇口料拉出力；

⑧降低模具温度。

(2) 注塑条件问题。

①采用流道切断技术；

②减少注射供料；

③降低注射压力；

④缩短注射时间；

⑤减少全压时间；

⑥降低物料温度；

⑦降低料筒温度；

⑧降低喷嘴温度。

(3) 物料问题。

①清理物料污染；

②干燥物料。

13. 怎样防止喷嘴流涎

喷嘴流涎的原因主要是物料过热，黏度变小。

（1）喷嘴与模具问题。

①采用弹簧针阀式喷嘴；

②采用倒斜度式喷嘴；

③减小喷嘴孔；

④增加冷料穴。

（2）注塑条件问题。

①降低喷嘴温度；

②采用流道切断技术；

③降低物料温度；

④降低注塑压力；

⑤缩短注射时间；

⑥减少全压时间。

（3）物料问题。

①检查物料是否污染；

②干燥物料。

项目四　模流分析高级技术

项目描述

主要完成金属嵌件成型、重叠成型的仿真分析与结果解读。

任务 4.1　金属嵌件成型与重叠成型分析

知识点

◎金属嵌件的原理，重叠成型仿真分析的方法。

技能点

◎针对分析任务，完成金属嵌件的设置与分析及结果解读。
◎针对分析任务，完成重叠成型的设置与分析及结果解读。

素养点

◎通过了解复合成型的要求，建立多因素影响产品性能的整体意识。
◎针对新任务，培养分析解决问题的创新能力。

任务描述

◎金属嵌件的仿真分析与结果解读。
◎重叠成型的仿真分析与结果解读。

4.1.1　任务实施

1. 打开工程

金属嵌件成型在模流分析软件中有区别于普通塑胶产品的分析步骤，下面进行相关的介绍。产品变形的情况如图 4-1 所示。

启动 MPI，执行"文件"→"新建工程"命令，系统弹出"新建工程"对话框，输入文件名为"嵌件成型"，单击"确定"按钮，建立新工程，导入模型。

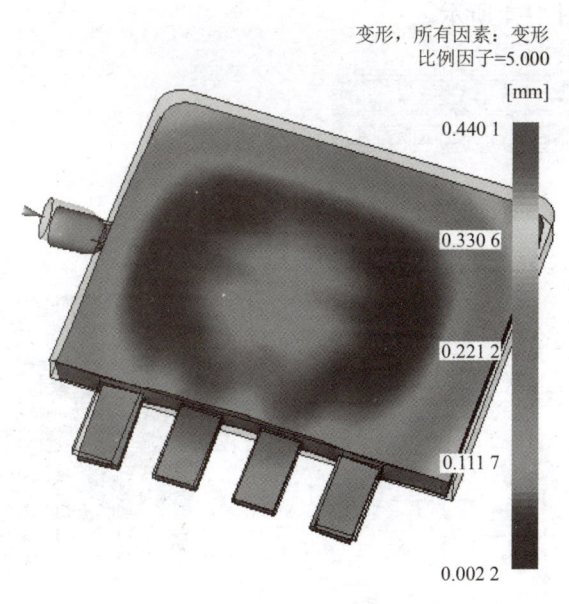

图 4-1 产品变形

Plastic-Connector.igs：网格类型为"Fusion"，单击"确定"按钮，并双击方案任务视窗中的 Plastic-Connector_Study 图标，在模型区域中显示 Plastic-Connector 模型，如图 4-2 所示。

图 4-2 产品模型

2. 创建网格

双击方案任务视窗中的图标 创建网格…，或者执行"网格"中的"生成网格"命令，此时工程管理视窗中的"工具"页面显示"生成网格"定义信息，如图 4-3 所示。

按默认的参数单击"立即划分网格"按钮，系统将自动对模型进行网格的划分和匹配。网格划分的信息可以在模型显示区域下方的"网格日志"中查看，划分好的模型如图 4-4 所示。

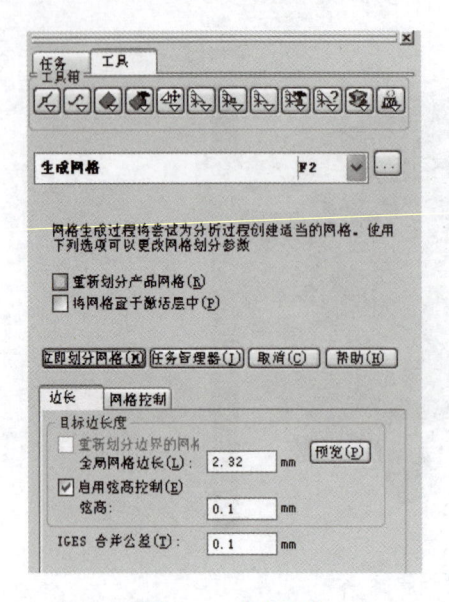

图 4-3　生成网格　　　　　　　　　　图 4-4　网格模型

查看网格统计结果，如图 4-5 所示，网格质量没问题。

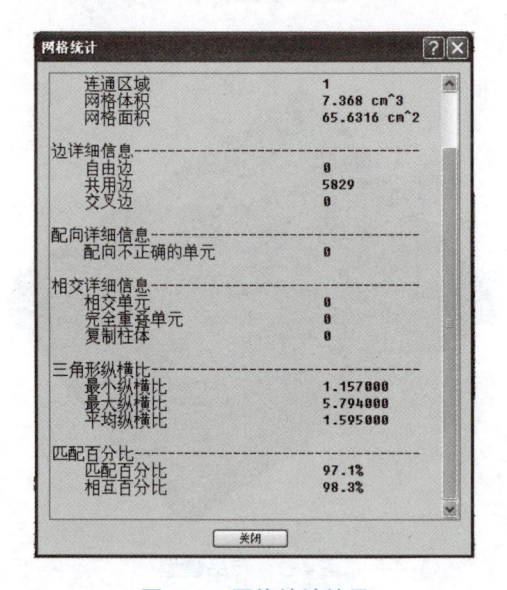

图 4-5　网格统计结果

3. 导入嵌件模型

选择"文件"→"导入"选项，导入 Metal-Insert 模型，网格类型为"Fusion"，单击"确定"按钮，并双击方案任务，在模型区域中显示 Metal-Insert 模型，如图 4-6 所示。

154　■　注塑成型仿真分析技术

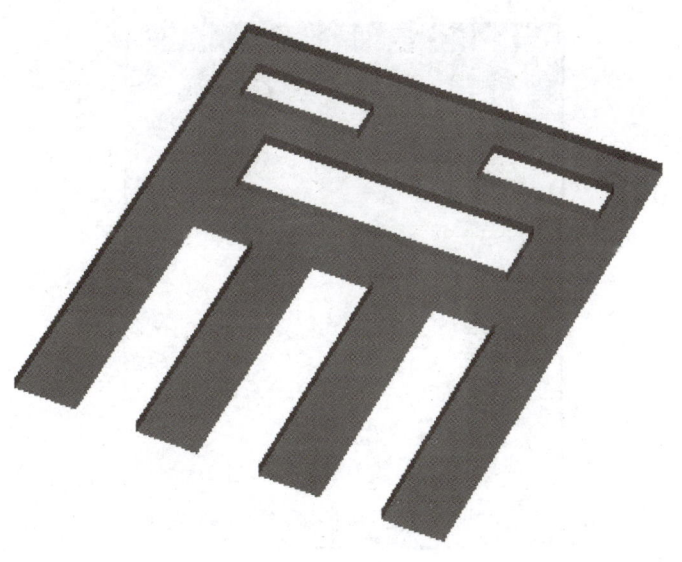

图 4-6 嵌件模型

4. 创建网格

执行"网格"中的"生成网格"的命令，此时工程管理视窗中的"工具"页面显示"生成网格"定义信息，如图 4-7 所示。按默认的参数单击"立即划分网格"按钮，系统将自动对模型进行网格的划分和匹配。划分好的模型如图 4-8 所示。查看网格统计结果，如图 4-9 所示，网格质量没问题。

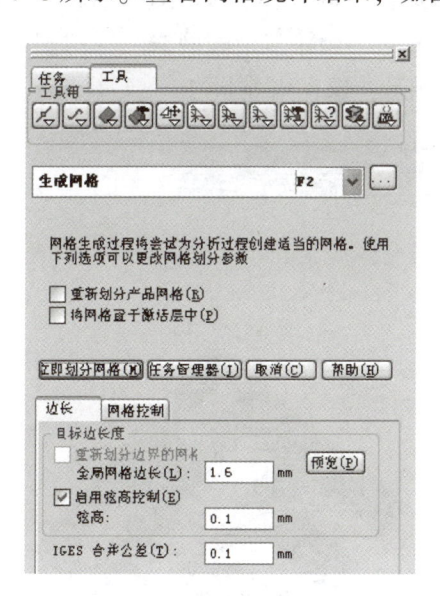

图 4-7 "工具"页面

图 4-8 划分好的模型

项目四 模流分析高级技术　155

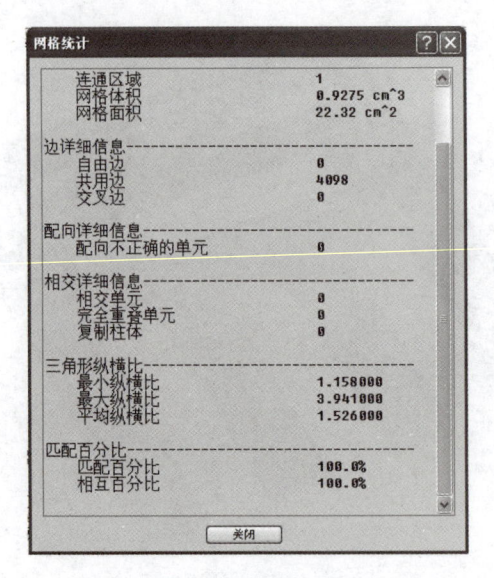

图 4-9 网格统计结果

5. 代替金属部分网格

在 insert molding 分析中，相互接触的表面，其节点和三角形需要完全重合，因此需要用塑料（金属）上的部分网格代替金属（塑料）上的部分网格。

复制方案 Plastic-Connector_Study，并命名为"plastic-insert_study"。选择产品的底部视图，如图 4-10 所示，删除多余的网格和节点。在如图 4-11 所示的"选择实体类型"对话框中，单击"确定"按钮，删除多余的网格。保留塑件与嵌件接触表面的网格，最终结果如图 4-12 所示，保存当前状态。

图 4-10 产品底部

图 4-11 选择实体

图 4-12 设置结果

6. 删除金属件部分与塑料接触部分的网格

双击方案"metal-insert_study",选择产品的前视图,删除嵌件中与塑件接触的部分,如图4-13所示,删除后结果如图4-14所示,保存当前状态。

图4-13　删除嵌件中与塑件接触的部分

图4-14　删除后的结果

7. 金属件部分加入从塑料部分复制的网格

双击"metal-insert_study",选择"文件"→"添加"选项,添加方案"plastic-insert_study",单击"打开"按钮,如图4-15所示。

图4-15　选择要添加的模型1

模型视窗显示结果如图4-16所示。选择添加部分"plastic-insert_study"的网

项目四　模流分析高级技术　157

格，如图4-17所示，右击更改属性为"制品嵌件表面（双层面）"，如图4-18所示，系统弹出图4-19所示对话框，单击"确定"按钮，完成属性变更。

图4-16 模型视窗显示结果

图4-17 更改属性类型1

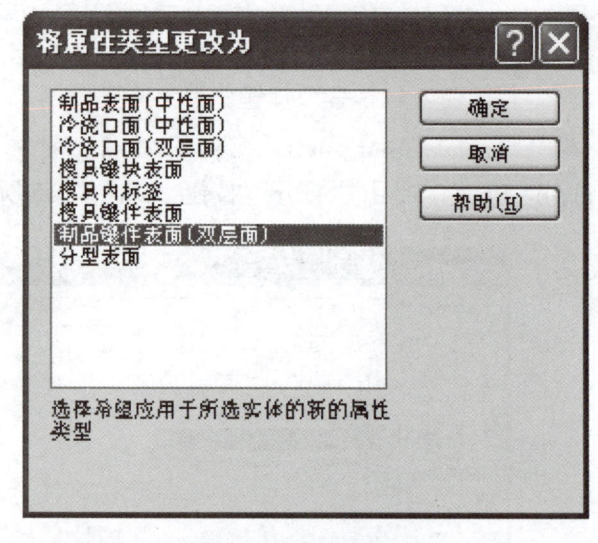

图4-18 更改属性类型2

图4-19 完成属性变更

8. 修补连接两部分

执行"网格"→"网格工具"→"边工具"→"填充孔"命令，系统出现如图 4-20 所示的对话框，按"Ctrl"键，依次选择节点，如图 4-21 所示。

图 4-20 "填充孔"对话框   图 4-21 选择节点 1

单击"应用"按钮，结果如图 4-22 所示。用同样的方法创建其余对应的区域，结果如图 4-23 所示。

图 4-22 填充孔 1   图 4-23 填充孔 2

仍然执行"网格"→"网格工具"→"边工具"→"填充孔"命令，选择边界任意一点，这里选择点 N3002，如图 4-24 所示，单击"搜索"按钮，则相关孔边缘的点都被选中，如图 4-25 所示。单击"应用"按钮，填充孔完成，如图 4-26 所示。填充其余的孔洞，最终结果如图 4-26 所示，保存当前方案。

项目四　模流分析高级技术　159

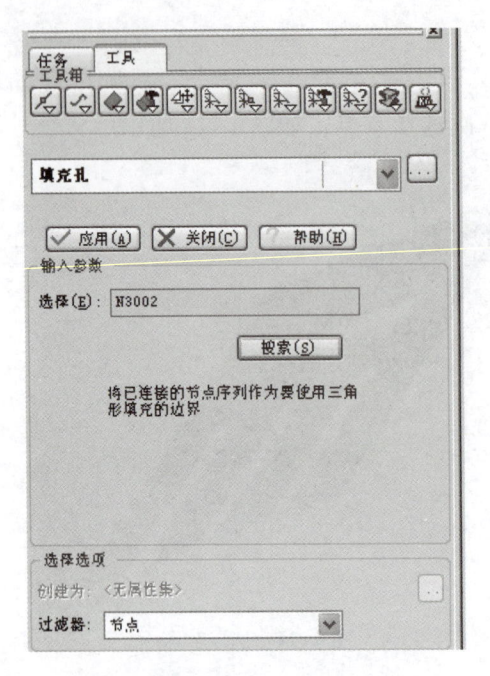

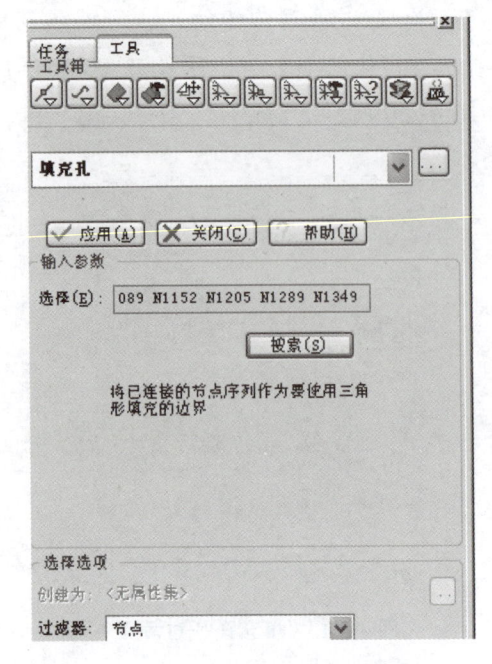

图 4-24　选择节点 2　　　　　　　　　图 4-25　通过搜索选择节点

图 4-26　填充结果

9. 变更嵌件的网格类型和属性

右击图标✓ Fusion 网格(2756 个单元)，在快捷菜单中选择"设置网格类型"→"3D"，变更网格的类型为 3D，双击 3D 网格(2756 个单元)图标，系统弹出"生成网格"对话框，勾选"重新划分产品网格"选项，如图 4-27 所示，单击"立即划分网格"按钮，网格划分结果如图 4-28 所示。框选整个嵌件，右击选择"更改属性类型"，系统弹出如图 4-29 所示的对话框，将嵌件的属性变更为"型芯（3D）"。

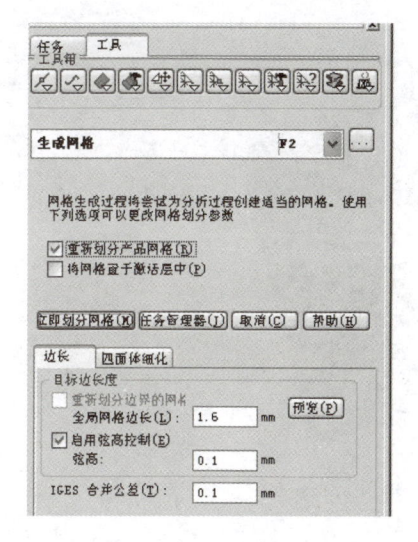

图 4-27 "生成网格"对话框　　　图 4-28 网格划分结果 1

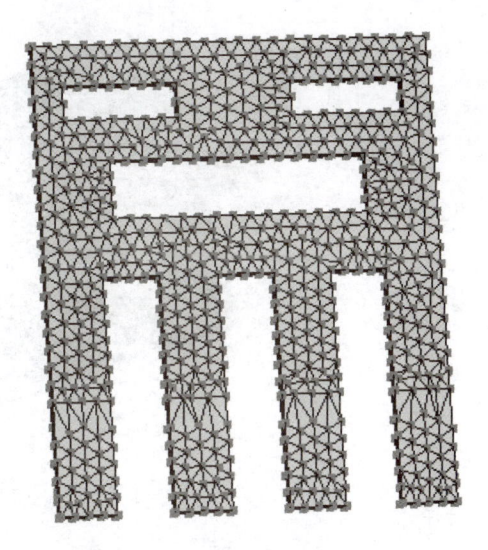

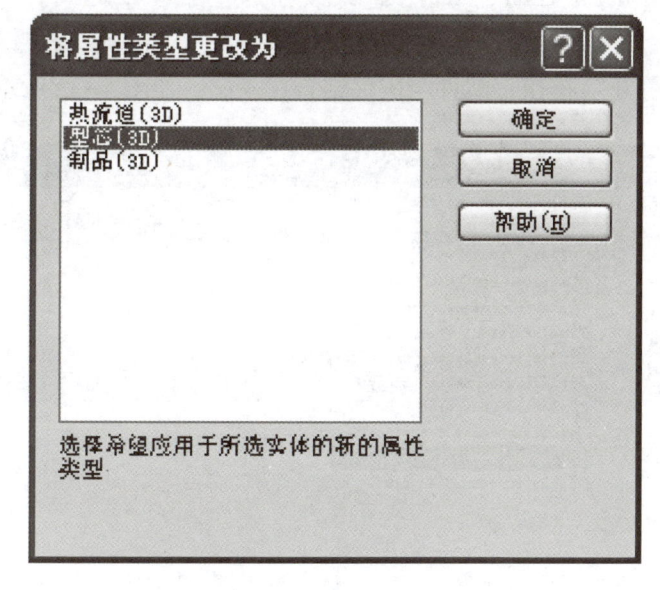

图 4-29 "将属性类型更改为"对话框

10. 变更塑件的属性

双击方案 Plastic-Connector_study，进入该方案进行编辑。右击图标 ✓ Fusion 网格(3886 个单元)，在快捷菜单中选择"设置网格类型"→"3D"，变更网格的类型为 3D，双击 3D 网格(3886 个单元)图标，系统弹出"生成网格"对话框，勾选"重新划分网格"选项，单击"立即划分网格"，网格划分结果如图 4-30 所示。

项目四　模流分析高级技术　161

图 4-30　网格划分结果 2

11. 塑件及嵌件部分结合

双击方案 Metal-Insert_study，进入该方案进行编辑。执行"文件"→"添加"命令，选择本工程对应的文件夹，选择"plastic-connector_study"，如图 4-31 所示，单击"打开"按钮，塑件与嵌件结合在一起，如图 4-32 所示。

图 4-31　选择要添加的模型 2

12. 设定注射位置

双击方案任务视窗中的 设置注射位置 图标，鼠标光标变为十字形，单击主流道进入入口节点，注射位置设置完毕，如图 4-33 所示。

162　│　注塑成型仿真分析技术

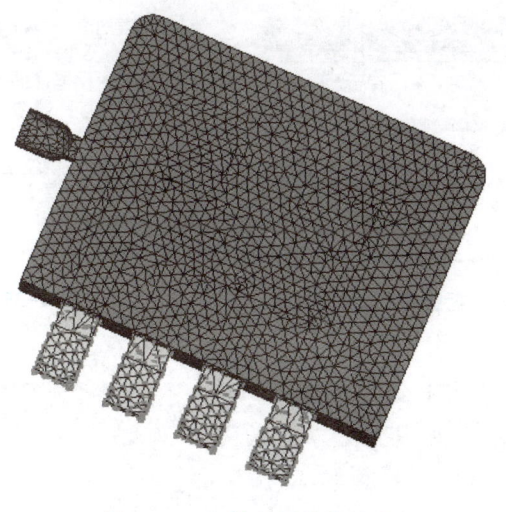

图 4-32 塑件与嵌件的结合

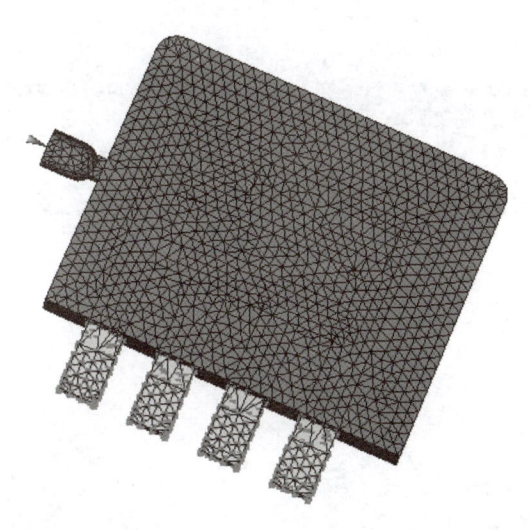

图 4-33 设定注射位置

13. 设置分析类型

双击方案任务视窗中的分析任务"流动",进入"选择分析顺序"对话框,如图 4-34 所示,选择"流动+翘曲"并按"确定"按钮,分析类型显示为"流动+翘曲",如图 4-35 所示。

14. 分析计算

双击方案任务视窗中的 立即分析!图标,系统弹出如图 4-36 所示的对话框,单击"确定"按钮,求解器开始分析计算。

项目四　模流分析高级技术　　163

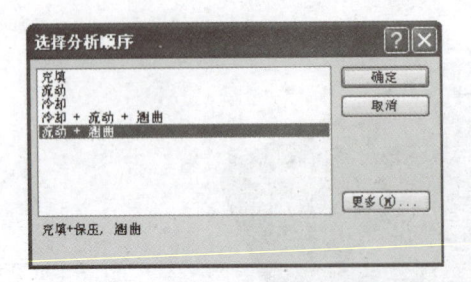

图 4-34 "选择分析顺序"对话框 　　　　　　图 4-35 分析类型

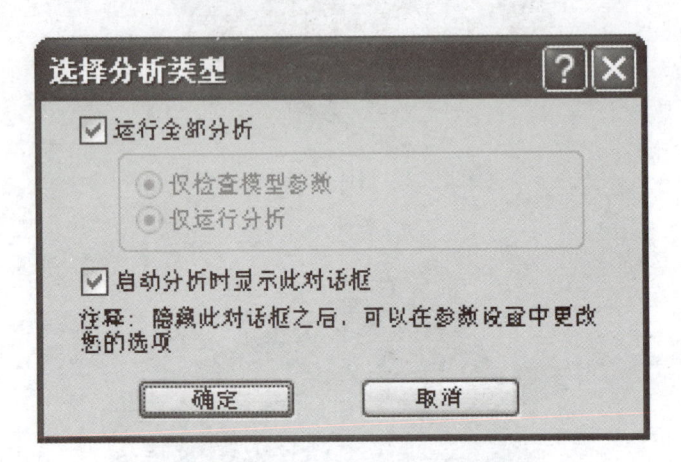

图 4-36 "选择分析类型"对话框

分析结果如图 4-37~图 4-40 所示。

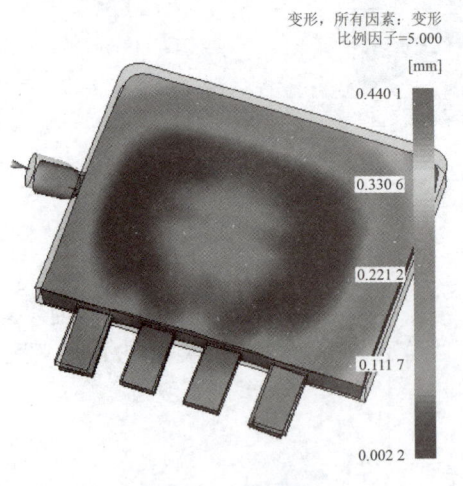

图 4-37 分析结果 1　　　　　　图 4-38 分析结果 2

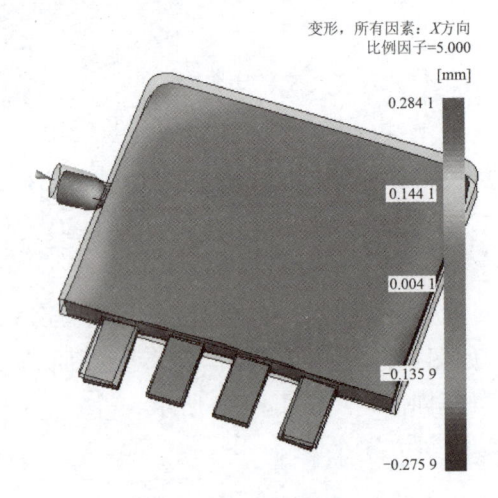

164 ■ 注塑成型仿真分析技术

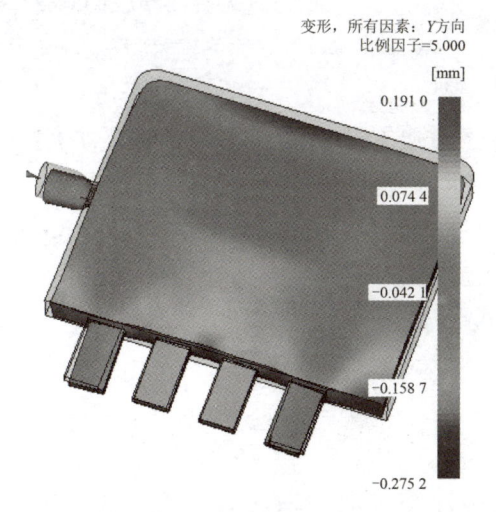

图 4-39　分析结果 3　　　　　　　　　　　图 4-40　分析结果 4

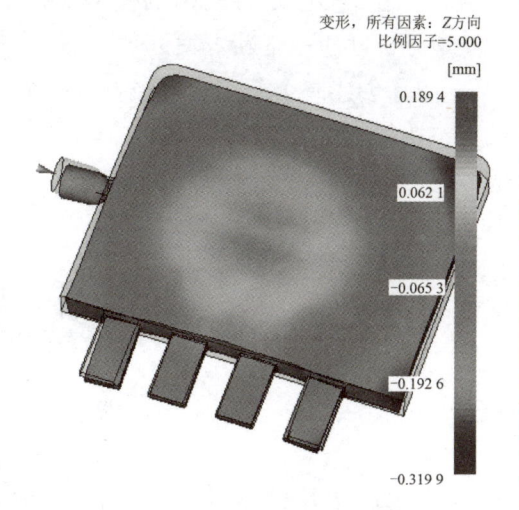

4.1.2　任务实施

1. 打开工程

重叠注塑分析又称为双色产品分析，用于分析两个连续射出的重叠注塑零件。

重叠注塑分析包括两个步骤：首先在第一个型腔上执行填充+保压分析（第一个组成阶段），然后在重叠注塑型腔上执行填充+保压分析或填充+保压+翘曲分析（重叠注塑阶段）。第二个型腔上的重叠注塑阶段使用与第一个组成阶段所使用的不同的材料。由于在第一个组成阶段注射的镶件的温度不均匀，故重叠注塑阶段使用的模具和熔体温度会被第一个组成阶段结束时记录的温度初始化。

注：假定即使温度上升，在重叠注塑阶段注射第二种材料时，第一个组成阶段注射的材料也不会熔化和流动。

提示：观察发现零件在两个单独的方案中更容易建模（一个是第一个组成阶段，另一个是重叠注塑阶段），即可以将这两个阶段同时添加到一个模型中。

注：对包含零件镶件的 3D 模型上的重叠注塑零部件进行翘曲分析时，会考虑零件镶件与重叠注塑零部件之间的接触带来的影响。

运行重叠注塑分析时，需指定所需的不同材料和注射位置。

1）运行重叠注塑分析

首先在第一个型腔上执行常规填充+保压分析（第一个组成阶段），然后在重叠注塑型腔上执行填充+保压分析（重叠注塑阶段）。对第二个型腔的连续重叠注塑阶段使用与第一个分析不同的材料，并使用第一个组成温度作为初始温度。

注：本主题假设已为第一个组成的已划分网格的模型准备了一个方案，为

项目四　模流分析高级技术　　165

第二个组成的已划分网格的模型准备了另一个方案,并要为这两个组成的重叠注塑分析创建一个新方案。

2) 创建一个新工程,或打开一个现有工程

执行"文件"→"导入"命令,导入重叠注塑工艺中描述第一组成的方案"case-1.udm",如图4-41所示。

图 4-41 导入第一组成

执行"文件"→"加入"命令,加入重叠注塑工艺中描述第一组成的方案"case-2.udm",如图4-42所示。

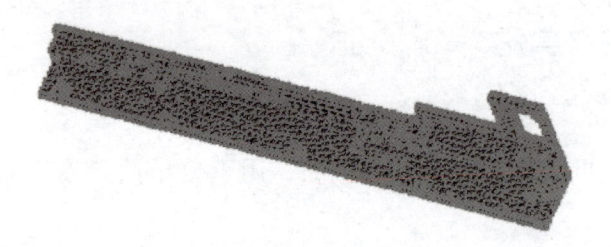

图 4-42 添加第二组成

执行"分析(A)"→"设置成型工艺"→"热塑性塑料重叠注塑"命令。

执行"分析(A)"→"设置分析序列"命令,选择填充+保压+重叠注塑填充,或填充+保压+重叠注塑填充+重叠注塑保压。

下面分别设置第一组与第二组模型的属性。在层管理器中关闭第二组模型,只显示第一组模型的网格和节点,如图4-43所示。

按"Ctrl"+"A"键或者按住鼠标左键框选整个模型。现在需要将适当的属性应用到模型。

在"模型"窗格中单击右键,然后选择"属性"(见图4-44),进入"选择属性"对话框(见图4-45),按住"Ctrl"键选择所有零件表面(见图4-46),确定后进入"重叠注塑组成"选项卡,将"组成"选项设置为"第一次注射",然后单击"确定"按钮。如果模型由多种实体类型组成,例如,包括描述第二组成的流道系统的柱体单元,则依次选择每个实体类型并将"组成"选项设置为"第一次注射",如图4-47所示。

图 4-43　关闭第二组模型

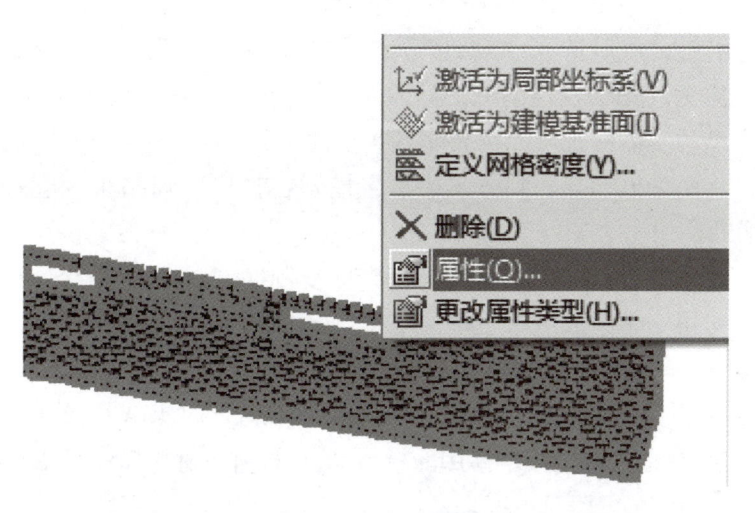

图 4-44　设置属性

图 4-45　进入属性设置　　　　　　　图 4-46　全选所有单元

项目四　模流分析高级技术　　167

图 4-47 重叠注塑组成属性设置

重复上述方法，为第二组成添加"第二次注射"属性，即使用"层"窗格隐藏第一个组成，按"Ctrl"+"A"键选择整个第二个组成模型，在"模型"窗格中单击右键，然后选择"属性"，选择"重叠注塑组成"选项卡，将"组成"选项设置为"第二次注射"，然后单击"确定"按钮。如上所述，如果模型包含不同类型的实体，则可能需要多次重复此步骤。

提示：将两个模型导入到方案中后，最好在"层"窗格中为它们赋予两个不同的名称。

如有必要，执行"建模（O）"→"移动/复制"→"平移"命令，以便相对于第二个组成对第一个组成进行正确的定位。

（1）使第一个组成再次可见。

（2）在"方案任务"窗格（见图4-48）中双击"材料A"，然后选择要在第一个组成填充+保压分析阶段中使用的材料（PC材料，材料牌号：LEXAN144）。

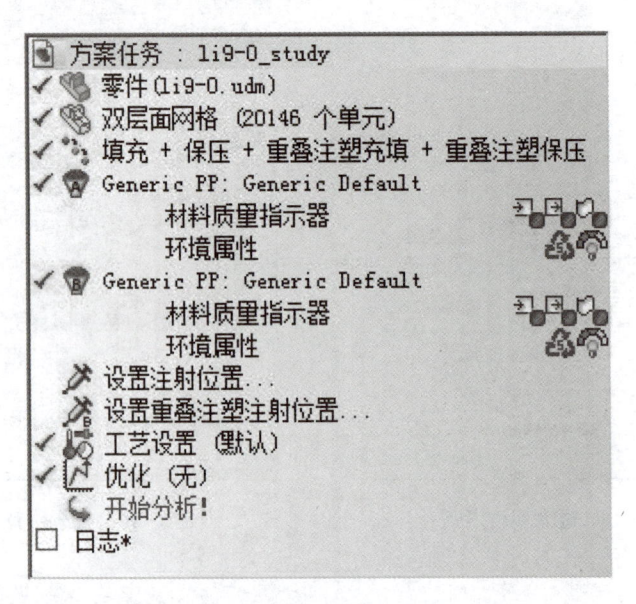

图 4-48 方案任务窗格

168　注塑成型仿真分析技术

（3）在"方案任务"窗格中双击"材料 B"，然后选择要在第二个组成重叠注塑阶段使用的材料（ABS 材料，材料牌号：UMG ABS PS-507）。

注：或者单击菜单"分析（A）"→"选择材料 A/B"选择材料。

（4）在方案任务窗格中单击"设置注射位置"，然后在第一个组成模型上设置注射位置。

（5）在方案任务窗格中单击"设置重叠注塑注射位置"，然后在第二个组成模型上设置注射位置。

注：或者单击菜单"分析（A）"→"设置注射位置/设置重叠注塑注射位置"进行设置。

（6）单击方案任务窗格中的"工艺设置"，在各自的"向导"页面上指定第一个组成阶段和重叠注塑阶段的工艺设置，然后单击"完成"按钮。

至此，重叠注塑分析已完成准备，可通过"方案任务"窗格或菜单"分析（A）"→"开始分析"进行启动。

第二组成的充填时间示例如图 4-49 所示。

图 4-49　第二组成的充填时间示例

任务 4.2　完整优化分析案例

知识点

◎掌握优化设计的基本知识。

技能点

◎能针对分析任务进行优化设计，找到最优方案。
◎能针对新任务，培养分析解决问题的创新能力。

素养点

◎通过完整分析案例的学习，建立质量意识和成本意识。
◎针对新任务，培养分析解决问题的创新能力。

任务描述

◎完成优化设计分析，能评判分析结果优劣。

4.2.1 任务实施

1. 充填分析优化

充填分析为模拟塑料从注塑开始到模腔被填满的整个过程，预测制品在模腔中的充填行为。模拟结果包括充填时间、压力、流动前沿温度、分子取向、剪切速率、气穴、熔接痕等。充填分析优化主要是针对浇注系统，如主流道、分流道、浇口的优化设置以及注射速度的优化设置。优化设计中主要依据的分析结果为注射压力、流前速度等。

本例使用一个灯罩模型进行分析，材料为透明 PC 塑料，材料牌号为 LEX-AN OQ3820。

1）初始设计存在的问题

启动 MPI，打开"case15.mpi"，打开方案"dengzhao（fill）"，本例的浇注系统初始设计如图 4-50~图 4-52 所示。

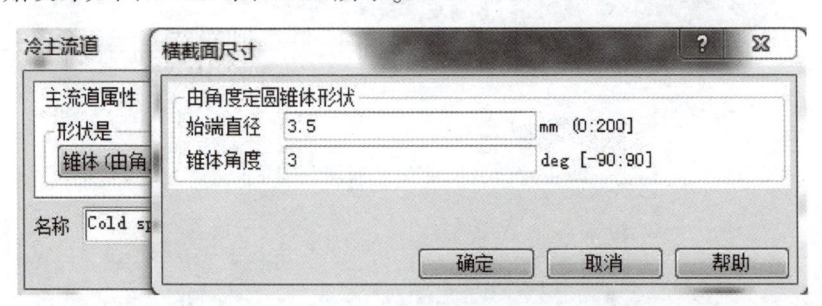

图 4-50 冷主流道设计

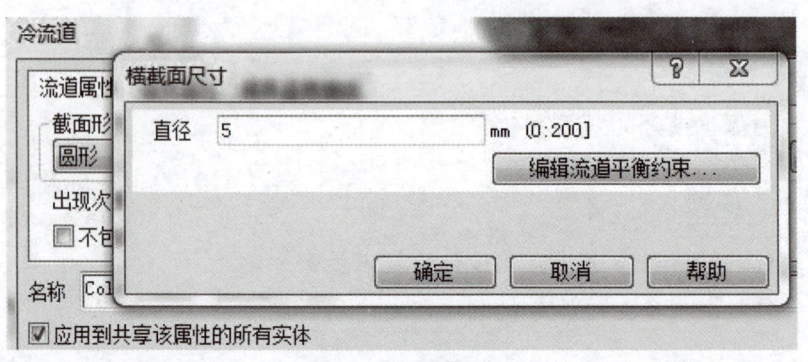

图 4-51 分流道设置

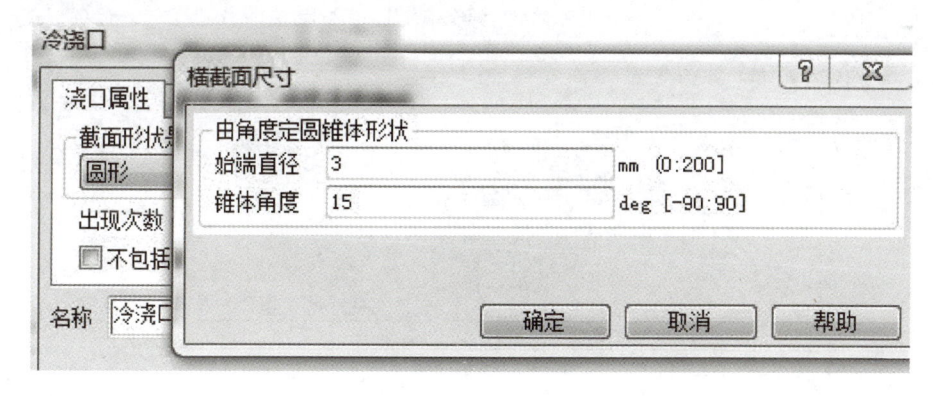

图 4-52　浇口设置

由上述浇注系统设置的计算结果可知，最大的问题是浇注系统的冷却时间过长。检查达到顶出时需要的时间（见图 4-53），发现主流道完全冷却需要的时间最长，为 58.56 s，塑件的冷却时间为 9~15 s，所以浇注系统的设计尺寸比较大，进行调整时要考虑减小尺寸。减小浇注系统的尺寸可能会导致注射压力的升高，注射压力太高会对后续的零件变形产生影响，所以浇注系统的修改不应太低。

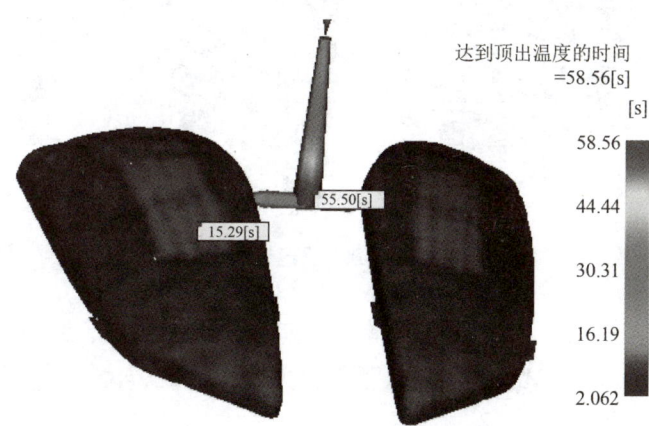

图 4-53　达到顶出温度的时间 1

初始浇注系统的注射压力如图 4-54 所示，V/P（压力/时间）切换时的压力为 88.02 MPa。

2）改进浇注系统设计

改进后的浇注系统参数如下：主流道的锥体角度由 "3" 改为 "2"，其余尺寸不变；分流道尺寸不变；浇口的始端直径由 "3" 改为 "1.2"；取塑件壁厚的60%；锥体角度不变。

修改上述参数之后重新运行，参见方案 "dengzhao（fill-m1）"。

查看达到顶出温度的时间（见图 4-55），主流道的最长时间降低为 39.05 s，塑件的该时间基本不变。修改之后，可以大大降低成型周期。

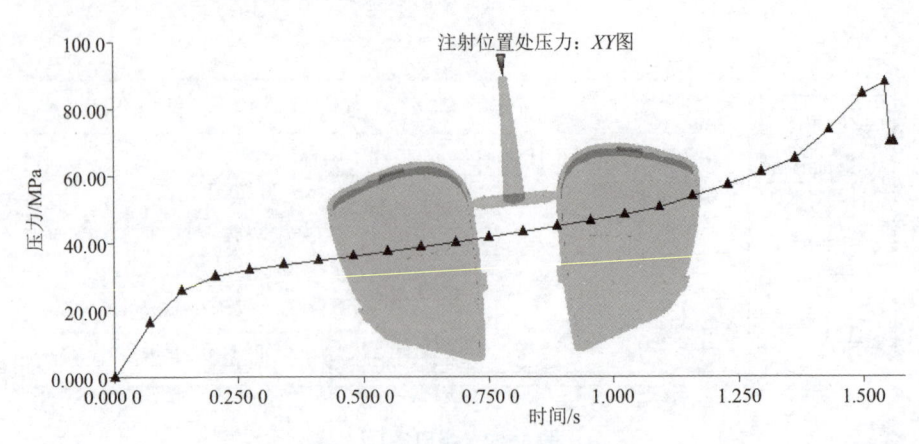

图 4-54　注射位置处的压力

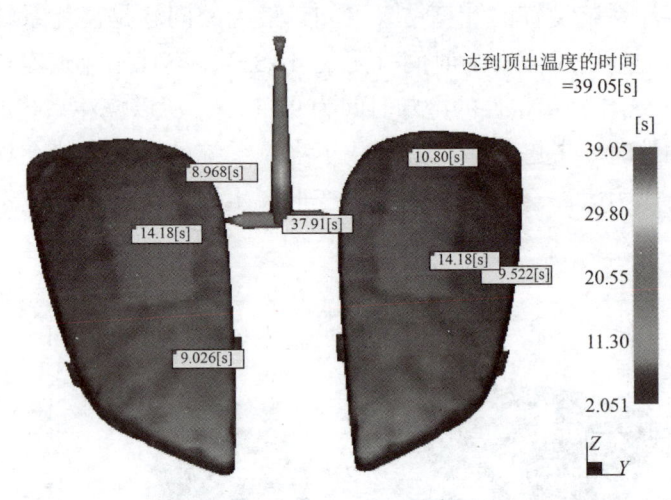

图 4-55　达到顶出温度的时间

压力的在浇注系统修改后有所增大，如图 4-56 所示，V/P（压力/时间）切换时的压力为 95.09 MPa，增加量不是很大，应该说，浇注系统的改进是朝着整体优化的方向的。

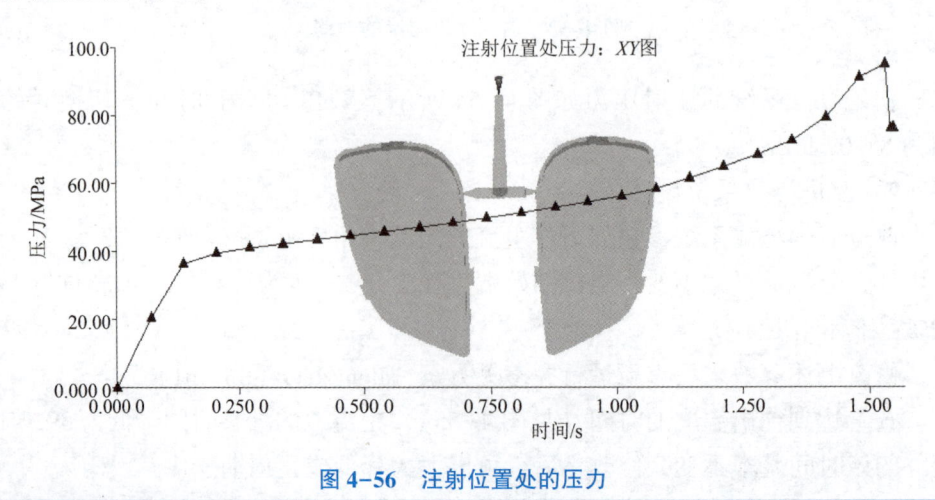

图 4-56　注射位置处的压力

3) 注射时间的优化

前面两个计算方案中，注射时间的控制采用自动方式，在自动方式下，螺杆维持一个较高的恒定注射速度完成注射，这对整个注射过程尤其是注射压力的增大有很大的影响，注射速度比较好的设计是遵循"慢—快—慢"的原则，即在注射的初始阶段，熔料主要是经过浇注系统，选择比较慢的速度，后面是以比较快的速度充填型腔，在快要充满时选择比较慢的充填速度。这个原则在充填的结果"推荐的螺杆速度：*XY* 图"中有推荐，如图 4-57 所示。真正指导螺杆注射速度快慢的是，要求在充填的过程中，料流的前沿流动速度（Melt Flow Rate）在填充型腔的过程中在途经的截面上要保持一致，尤其是在截面积有突变的情况下（比如塑件中有孔），螺杆速度要做相应的调整。

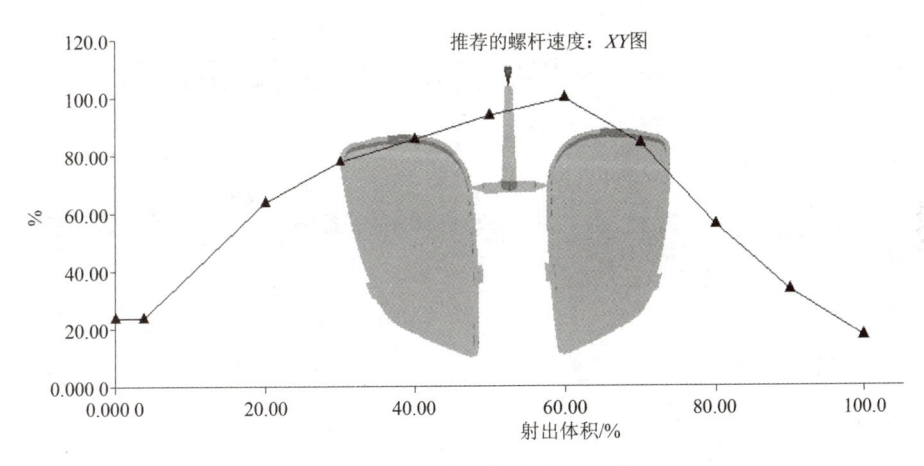

图 4-57　推荐的螺杆速度：*XY* 图

进入到工艺设置中，在充填控制中选择相对螺杆速度曲线，由"%流动速率与%射出体积"进行控制，单击"编辑曲线"，如图 4-58 所示。

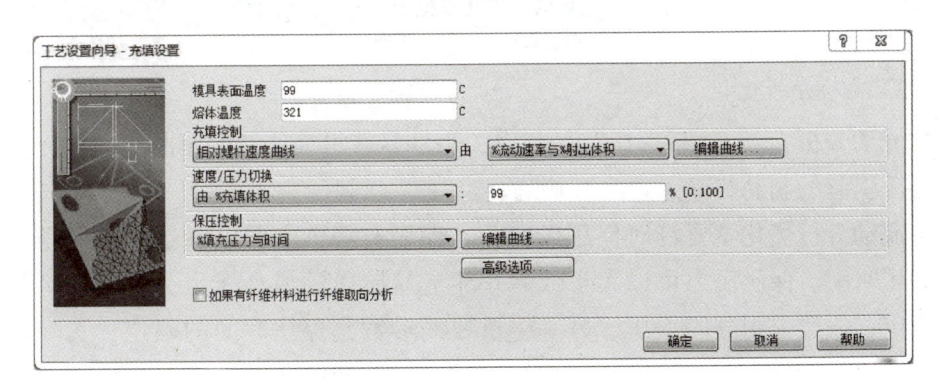

图 4-58　充填设置菜单

充填控制曲线由"%流动速率与%射出体积"给出，如图 4-59 所示。参见方案"dengzhao（fill-m2）"，在方案"dengzhao（fill-m1）"的基础上进行了螺杆注射速度调整，V/P 切换时的注射压力为 72.80 MPa，远低于优化之前的 95.09 MPa。

优化状态下注射位置处压力：XY 图如图 4-60 所示。

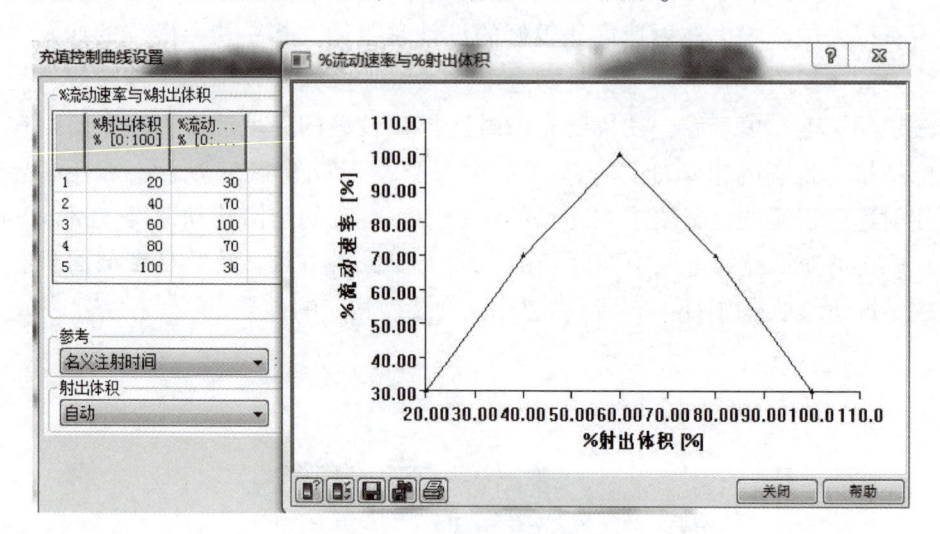

图 4-59　充填控制曲线设置

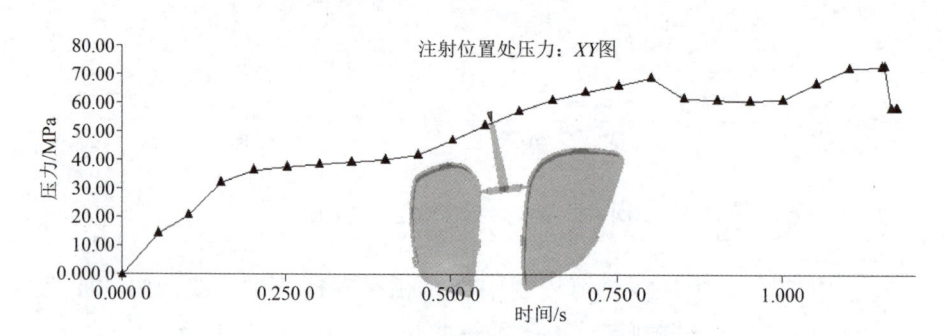

图 4-60　优化状态下注射位置处压力：XY 图

2. 流动分析优化

流动分析为"充填+保压"的组合，目的是获得最佳的保压曲线，从而降低由保压引起的制品收缩、翘曲等缺陷。

流动分析优化主要针对保压做优化，保压有两个主要的参数，即保压压力与保压时间。保压压力可以大于或者小于充填阶段的最高压力，视塑件冷却情况而定，一般采用分段保压。另一个重要的参数是保压时间的确定，实际调模过程中以浇口凝固的时间来确定保压时间，一般初始状态设置一个较长的保压时间，然后逐步减少保压时间，在注塑的塑件重量不减轻的情况下，最短保压时间就可以确定为最优化的保压时间。在 Moldflow 中，一般以缩痕指数作为衡量指标。本例中，我们重点来优化保压时间。

打开方案"dengzhao（fill+pack）"，保压参数的初始设计如下：保压时间

15 s，保压压力为最大充填压力（即 V/P 切换时的充填压力）的 80%。初始状态保压控制曲线设置如图 4-61 所示。

图 4-61 初始状态保压控制曲线设置

在初始方案下，塑件缩痕指数的最大值为 4.035%，该值一般不能超过 5%，否则零件上就有明显的缩痕。对于本例灯罩零件，对缩痕的要求更为严格。如果要缩小缩痕指数，一般需要优化分段保压或者增加保压压力值。

在优化设计方案中，把保压时间设置为 6 s，参见方案"dengzhao（fill+pack-m1）"，塑件上的最大的缩痕指数为 4.035%，可以看出，保压时间由 15 s 降低为 6 s，缩痕指数不变，所以超过 6 s 之后的保压时间是多余的。如图 4-62 所示。

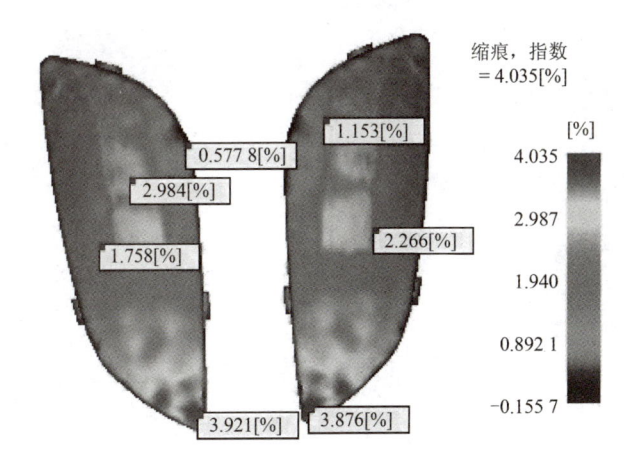

图 4-62 初始状态下缩痕指数

为改善本例的缩痕指数，把保压压力升高，取注射阶段最高压力。保压时间可以由 6 s 继续缩减，参见方案"dengzhao（fill+pack-m2）"，本方案中，保压时间为 6 s，保压压力为 150% 注射压力。

本方案中缩痕指数最大值为 3.232%，如图 4-63 所示，满足灯罩对缩痕的要求。

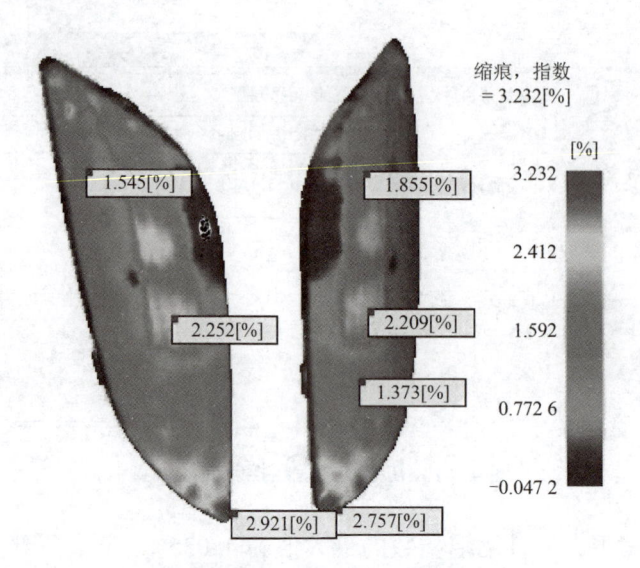

图 4-63　优化保压对应的缩痕指数

参 考 文 献

[1] 张云. Moldflow 模流分析技术基础与应用［M］. 北京：机械工业出版社，2018.

[2] 李明. Moldflow 模流分析技术详解与案例研究［M］. 北京：国防工业出版社，2017.

[3] 王晓峰，杨庆华，王卫兵. Moldflow 模流分析技术及应用实例［M］. 北京：清华大学出版社，2016.

[4] 赵勇，王建军，李晓峰. Moldflow 模流分析技术与应用［M］. 北京：科学出版社，2015.

[5] Zhang, Y., & Zhang, L. Moldflow advanced analysis technology and practical application［M］. Beijing：Chemical Industry Press，2020.

[6] Wang, J., Li, M., & Zhang, W. The detailed introduction to Moldflow analysis technology and case study［M］. Beijing：Metallurgical Industry Press，2019.

[7] Li, S., & Wang, G. Moldflow analysis technology and its application in injection molding process［M］. Beijing：Tsinghua University Press，2018.

[8] Wu, D., Gao, Q., & Zhou, Z. Experimental study on Moldflow analysis technology and its application in plastic parts manufacturing［M］. Beijing：Science Press，2017.

[9] Wang, X., & Yang, Y. The application of Moldflow analysis technology in injection molding process［M］. Beijing：Metallurgical Industry Press，2016.

[10] 黄岗，张晓东. Moldflow 塑料成型模流分析［M］. 2 版. 北京：科学出版社，2019.

[11] Zhiguo, M., Xianzhang, S., Yulong, H. et al（2022）. Co-simulation technology of mold flow and structure for injection molding reinforced thermoplastic composite (FRT) parts［J］. Adv Compos Hybrid Mater 5，960-972.

[12] Hongbo Fu, Hong Xu, Ying Liu, Zhaogang Yang S（2020）. Kormakov, Daming Wu and Jingyao Sun. Overview of Injection Molding Technology for Processing Polymers and Their Composites［J］. ES Mater Manuf 8：3-23.

[13] Wu, H., Wang, Y., & Fang, M.（2021）. Study on injection molding process simulation and process parameter optimization of automobile instrument light guiding support［J］. Advances in Materials Science and Engineering.

[14] Purgleitner, B., Viljoen, D., Kuehnert, I., & Burgstaller, C.（2023）. Influ-

ence of injection molding parameters, melt flow rate, and reinforcing material on the weld-line characteristics of polypropylene [J]. Polymer engineering and science.

[15] Duong, T. V. A. , & Pham, S. M. . (2022). Effect of vibrations on the weld-line strength of injection molded products [J]. Solid State Phenomena, 330, 125-130.